公益財団法人 日本数学検定協会 監修

受かる！
数学検定

[過去問題集] 準2級

The Mathematics Certification Institute of Japan
>> Pre 2nd Grade

改訂版

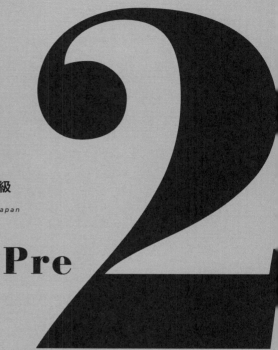

Pre

Gakken

はじめに

　「実用数学技能検定」は，数学・算数の実用的な技能を測る記述式の検定です。

　学年ごとに検定の内容や技能の概要を定めていますが，みなさんはその表記を見たことがありますか。

　2級と準2級の出題範囲である高校1年程度の技能の概要は『日常生活や社会活動に応じた課題を正確に解決するために必要な数学技能』となっており，2級の出題範囲である高校2年程度の技能の概要は『日常生活や業務で生じる課題を合理的に解決するために必要な数学技能』とされています。この2つの文言を見比べてみると共通する言葉が見つかります。それは"日常生活"という言葉です。

　人類の発展は数学の発展と密接に関わりをもっています。人類は自分たちが過ごしやすい環境を整えるためにさまざまな学問を発展させてきましたが，なかでも数学は具体的なものを抽象的に考えたり，基本的な考え方をもとに応用したりする際に，社会のなかで活用されてきました。そして，これまでの発想では容易に解決できない課題を考えるために，新しい考え方を見つけ，少しずつ変化をさせながらさまざまな分野で利用されてきました。現代社会においてはこれまでの数学が，電化製品やインターネットなど，日常生活で当たり前のように使われています。

　たとえば，三角関数は私たちの日常生活に深く関わっています。音波や電波など周期性を特徴としているものを考えるうえで三角関数は必要不可欠なものです。電気についていえば，直流と交流というものを聞いたことがあるかもしれませんが，通常，発電所から送電線などを伝わって家庭に届けられる電気は交流です。交流とは，一定の周期で電流の向きと大きさが変化する流れ方です。そのため，交流の計算では三角関数が頻繁に使われます。もしも三角関数がこの世からなくなったとしたら，電気のなかった時代にまでさかのぼった生活を覚悟しなければならないかもしれません。電気を使う以上，必ず三角関数が利用されており，文明社会に生きる人類のほとんどが数学の恩恵を受けているということになります。自身の生活の基盤にある知識を多くの人が理解するからこそ，生活を守り発展させてゆくことができるのではないでしょうか。

　三角関数に限らず，指数関数や対数関数，微分・積分，確率など，2級や準2級で出題される数学は日常生活におけるありとあらゆる場面で使われています。

　2級や準2級の学習をする場合には広い視点をもって，数学が日常生活でどのように役立てられているのかを認識しながら，検定にチャレンジしてみてください。

公益財団法人 日本数学検定協会

数学検定準2級を受検するみなさんへ

数学検定とは

実用数学技能検定(後援＝文部科学省。対象:1～11級)は,数学の実用的な技能(計算・作図・表現・測定・整理・統計・証明)を測る「記述式」の検定で,公益財団法人日本数学検定協会が実施している全国レベルの実力・絶対評価システムです。

検定の概要

1級,準1級,2級,準2級,3級,4級,5級,6級,7級,8級,9級,10級,11級,かず・かたち検定のゴールドスター,シルバースターの合計15階級があります。
1～5級には,計算技能を測る「1次:計算技能検定」と数理応用技能を測る「2次:数理技能検定」があります。1次も2次も同じ日に行います。初めて受検するときは,1次・2次両方を受検します。
6級以下には,1次・2次の区分はありません。

受検資格

原則として受検資格を問いません。

受検方法

「個人受検」「団体受検」の2つの受検方法があります。
受検方法によって,検定日や検定料,受検できる階級や申し込み方法などが異なります。

くわしくは公式サイトでご確認ください。
https://www.su-gaku.net/suken/

3

○ 階級の構成

階級		検定時間	出題数	合格基準	目安となる程度
1級		**1次**：60分 **2次**：120分	**1次**：7問 **2次**：2題必須・ 5題より2題選択	**1次：** 全問題の 70％程度 **2次：** 全問題の 60％程度	大学程度・一般
準1級					高校3年生程度 （数学Ⅲ・数学C程度）
2級		**1次**：50分 **2次**：90分	**1次**：15問 **2次**：2題必須・ 5題より3題選択		高校2年生程度 （数学Ⅱ・数学B程度）
準2級			**1次**：15問 **2次**：10問		高校1年生程度 （数学Ⅰ・数学A程度）
3級		**1次**：50分 **2次**：60分	**1次**：30問 **2次**：20問		中学3年生程度
4級					中学2年生程度
5級					中学1年生程度
6級		50分	30問	全問題の 70％程度	小学6年生程度
7級					小学5年生程度
8級					小学4年生程度
9級		40分	20問		小学3年生程度
10級					小学2年生程度
11級					小学1年生程度
かず・ かたち 検定	ゴールド スター シルバー スター	40分	15問	10問	幼児

4

○ 合否の通知

検定実施から，約40日後を目安に郵送にて通知。
検定日の約3週間後に「数学検定」公式サイト（https://www.su-gaku.net/suken/）から
合否結果を確認することができます。

○ 合格者の顕彰

【1〜5級】
1次検定のみに合格すると計算技能検定合格証，
2次検定のみに合格すると数理技能検定合格証，
1次2次ともに合格すると実用数学技能検定合格証が発行されます。

【6〜11級およびかず・かたち検定】
合格すると実用数学技能検定合格証，
不合格の場合は未来期待証が発行されます。

● 実用数学技能検定合格，計算技能検定合格，数理技能検定合格をそれぞれ認め，永続し
てこれを保証します。

○ 実用数学技能検定取得のメリット

◎ 高等学校卒業程度認定試験の必須科目「数学」が試験免除
実用数学技能検定2級以上取得で，文部科学省が行う高等学校卒業程度認定試験
の「数学」が免除になります。

◎ 実用数学技能検定取得者入試優遇制度
大学・短期大学・高等学校・中学校などの一般・推薦入試における各優遇措置が
あります。学校によって優遇の内容が異なりますのでご注意ください。

◎ 単位認定制度
大学・高等学校・高等専門学校などで，実用数学技能検定の取得者に単位を認定
している学校があります。

準2級の検定内容は，下のような構造になっています。

D	E	特有問題
50%	**40%**	**10%**

D

（高校1年程度）

検定の内容

数と集合，数と式，二次関数・グラフ，二次不等式，三角比，データの分析，場合の数，確率，整数の性質，n進法，図形の性質　など

技能の概要

▶ **日常生活や社会活動に応じた課題を正確に解決するために必要な数学技能（数学的な活用）**

1. グラフや図形の表現ができる。
2. 情報の選別や整理ができる。
3. 身の回りの事象を数学的に説明できる。

E

（中学校3年程度）

検定の内容

平方根，式の展開と因数分解，二次方程式，三平方の定理，円の性質，相似比，面積比，体積比，簡単な二次関数，簡単な統計　など

技能の概要

▶ **社会で創造的に行動するために役立つ基礎的数学技能**

1. 簡単な構造物の設計や計算ができる。
2. 斜めの長さを計算することができ、材料の無駄を出すことなく切断したり行動することができる。
3. 製品や社会現象を簡単な統計図で表示することができる。

※アルファベットの下の表記は目安となる学年です。

〉 受検時の注意

1）当日の持ち物

持ち物＼階級	1～5級 1次	1～5級 2次	6～8級	9～11級	かず・かたち検定
受検証（写真貼付）※1	必須	必須	必須	必須	
鉛筆またはシャープペンシル（黒のHB・B・2B）	必須	必須	必須	必須	必須
消しゴム	必須	必須	必須	必須	必須
ものさし（定規）		必須	必須	必須	
コンパス		必須	必須		
分度器			必須		
電卓（算盤）※2		使用可			

※1　団体受検では受検証は発行・送付されません。

※2　使用できる電卓の種類　○一般的な電卓　○関数電卓　○グラフ電卓
通信機能や印刷機能をもつもの，携帯電話・スマートフォン・電子辞書・パソコンなどの電卓機能は使用できません。

2）答案を書く上での注意

計算技能検定問題・数理技能検定問題とも書き込み式です。

答案は採点者にわかりやすいようにていねいに書いてください。特に，0と6，4と9，PとDとOなど，まぎらわしい数字・文字は，はっきりと区別できるように書いてください。正しく採点できない場合があります。

〉 受検申込方法

受検の申し込みには個人受検と団体受検があります。くわしくは，公式サイト（**https://www.su-gaku.net/suken/**）をご覧ください。

▷ ○ **個人受検の方法**

日曜日に年3回実施する個人受検A日程と，土曜日に実施する個人受検B日程があります。個人受検B日程で実施する検定回や階級は会場ごとに異なります。

● お申し込み後，検定日の約1週間前を目安に受検証を送付します。受検証に検定会場や時間が明記されています。

● 一旦納入された検定料は，理由のいかんによらず返還，繰り越し等いたしません。

◎個人受検A日程は次のいずれかの方法でお申し込みできます。

1）インターネットで申し込む

受付期間中に公式サイト（https://www.su-gaku.net/suken/）からお申し込みができます。詳細は，公式サイトをご覧ください。

2）LINEで申し込む

数検LINE公式アカウントからお申し込みができます。お申し込みには「友だち追加」が必要です。詳細は，公式サイトをご覧ください。

3）コンビニエンスストア設置の情報端末で申し込む

下記のコンビニエンスストアに設置されている情報端末からお申し込みができます。

- ◉ セブンイレブン「マルチコピー機」
- ◉ ローソン「Loppi」
- ◉ ファミリーマート「マルチコピー機」
- ◉ ミニストップ「MINISTOP Loppi」

4）郵送で申し込む

①公式サイトからダウンロードした個人受検申込書に必要事項を記入します。

②検定料を郵便口座に振り込みます。

※郵便局へ払い込んだ際の領収書を受け取ってください。
※検定料の払い込みだけでは，申し込みとなりません。

> 郵便局振替口座：00130-5-50929
> 公益財団法人 日本数学検定協会

③下記宛先に必要なものを郵送します。

（1）受検申込書 （2）領収書・振込明細書（またはそのコピー）

［宛先］ 〒110-0005 東京都台東区上野5-1-1 文昌堂ビル4階
公益財団法人 日本数学検定協会 宛

デジタル特典 スマホで読める要点まとめ＋模擬検定問題

URL：https://gbc-library.gakken.jp/
ID：vgdg7
パスワード：n7qbbmfk

※「コンテンツ追加」から「ID」と「パスワード」をご入力ください。
※コンテンツの閲覧にはGakkenIDへの登録が必要です。IDとパスワードの無断転載・複製を禁じます。サイトアクセス・ダウンロード時の通信料はお客様のご負担になります。サービスは予告なく終了する場合があります。

受かる！数学検定
過去問題集 準2級
CONTENTS

《別冊》解答と解説
※巻末に,本冊と軽くのりづけされていますので,はずしてお使いください。

本書の特長と使い方

検定本番で100％の力を発揮するためには，検定問題の形式に慣れておく必要があります。本書は，実際に行われた過去の検定問題でリハーサルをして，実力の最終チェックができるようになっています。

本書で検定対策の総仕上げをして，自信をもって本番にのぞみましょう。

① 本番のつもりで過去問題を解く！

まず，巻末についている解答用紙をていねいに切り取って，氏名と受検番号（好きな番号でよい）を書きましょう。

問題は，検定本番のつもりで，時間を計って制限時間内に解くようにしましょう。 なお，制限時間は1次が50分，2次が90分です。

第1回 解答用紙

ミシン線にそって，ていねいに切り離そう。

② 解き終わったら，答え合わせ＆解説チェック！

問題を解き終わったら，解答用紙と別冊解答とを照らし合わせて，答え合わせをしましょう。

間違えた問題は解説をよく読んで，しっかり解き方を身につけましょう。同じミスを繰り返さないことが大切です。

なお，本書は別売の数学検定攻略問題集「受かる！ 数学検定準2級」とリンクしているので，間違えた問題や不安な問題は，「受かる！ 数学検定準2級」でくわしく学習することもできます。重点的に弱点を克服したり，類題を解いたりして，レベルアップに役立てましょう。

『受かる！ 数学検定準2級』とのリンクつき。

例 1章 🔗 1 1章の項目①（式の計算）にリンク

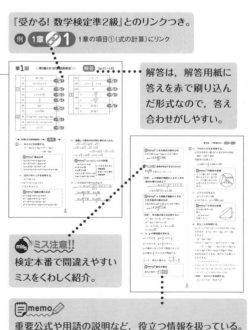

解答は，解答用紙に答えを赤で刷り込んだ形式なので，答え合わせがしやすい。

miss ※ミス注意!!
検定本番で間違えやすいミスをくわしく紹介。

📝memo
重要公式や用語の説明など，役立つ情報を扱っている。

実用数学技能検定

準2級

1次：計算技能検定

［検定時間］
50分

─────── **検定上の注意** ───────

1．自分が受検する階級の問題用紙であるか確認してください。
2．検定開始の合図があるまで問題用紙を開かないでください。
3．この表紙の下の欄に，氏名・受検番号を書いてください。
4．解答用紙の氏名・受検番号・生年月日の記入欄は，もれのないように書いてください。
5．解答用紙には答えだけを書いてください。
6．答えが分数になるとき，約分してもっとも簡単な分数にしてください。
7．答えに根号が含まれるとき，根号の中の数はもっとも小さい正の整数にしてください。
8．電卓・ものさし・コンパスを使用することはできません。
9．携帯電話は電源を切り，検定中に使用しないでください。
10．問題用紙に乱丁・落丁がありましたら検定監督官に申し出てください。
11．検定問題の著作権は協会に帰属します。検定問題の一部または全部を協会の許可なく複製，または他に伝え，漏えい（インターネット，SNS等への掲載を含む）することは一切禁じます。
12．検定終了後，この問題用紙は解答用紙と一緒に回収します。必ず検定監督官に提出してください。

※検定上の注意は，実際の検定問題用紙に書かれている内容をそのまま掲載しています。

氏　名		受検番号	―

公益財団法人 日本数学検定協会

〔準2級〕 1次：計算技能検定

1 次の問いに答えなさい。

(1) 次の式を展開して計算しなさい。

$$(7-3a)(7+3a)$$

(2) 次の式を因数分解しなさい。

$$a^2+5a+4$$

(3) 次の計算をしなさい。

$$(\sqrt{2}+\sqrt{3})(2\sqrt{2}-\sqrt{3})$$

(4) 次の方程式を解きなさい。

$$x^2-8x-5=0$$

(5) 関数 $y=\dfrac{1}{3}x^2$ において，x の値が1から3まで増加するときの変化の割合を求めなさい。

2 次の問いに答えなさい。

(6)　右の図のように，3点 A，B，C は円 O の周上にあります。∠AOC＝156°のとき，∠ABC の大きさを求めなさい。

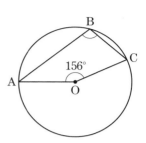

(7)　右の図の直角三角形において，x の値を求めなさい。

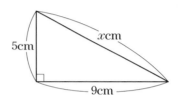

(8)　次の式を展開して計算しなさい。

$$(x-2y-3z)^2$$

(9)　次の式を因数分解しなさい。

$$16a^4-b^4$$

(10)　次の計算をしなさい。答えが分数になるときは，分母を有理化して答えなさい。

$$\frac{\sqrt{3}}{\sqrt{2}-1}-\frac{\sqrt{2}}{\sqrt{3}+\sqrt{2}}$$

3　次の問いに答えなさい。

(11)　放物線 $y = x^2 + 4x + 5$ の頂点の座標を求めなさい。

(12)　次の2次不等式を解きなさい。

$$3x^2 - x - 2 > 0$$

(13)　右の図のように，△ABC の辺 BC，CA，AB 上にそれぞれ点 P，Q，R があります。線分 AP，BQ，CR が1点 O で交わるとき，線分 CP の長さを求めなさい。

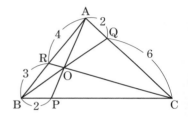

(14)　$90° < \theta < 180°$ で $\sin\theta = \dfrac{2}{5}$ のとき，次の問いに答えなさい。

①　$\cos\theta$ の値を求めなさい。

②　$\tan\theta$ の値を求めなさい。

(15)　次の問いに答えなさい。

①　10人の生徒の中から，委員長と副委員長をそれぞれ1人選ぶとき，選び方は全部で何通りありますか。

②　8人の生徒の中から，委員を3人選ぶとき，選び方は全部で何通りありますか。

第1回　　実用数学技能検定　

準2級

2次：数理技能検定

[検定時間]
90分

───── **検定上の注意** ─────

1．自分が受検する階級の問題用紙であるか確認してください。
2．検定開始の合図があるまで問題用紙を開かないでください。
3．この表紙の下の欄に，氏名・受検番号を書いてください。
4．解答用紙の氏名・受検番号・生年月日の記入欄は，もれのないように書いてください。
5．解答は必ず解答用紙（裏面にもあります）に書き，解法の過程がわかるように記述してください。ただし，「答えだけを書いてください」と指示されている問題は答えだけを書いてください。
6．答えが分数になるとき，約分してもっとも簡単な分数にしてください。
7．答えに根号が含まれるとき，根号の中の数はもっとも小さい正の整数にしてください。
8．電卓を使用することができます。
9．携帯電話は電源を切り，検定中に使用しないでください。
10．問題用紙に乱丁・落丁がありましたら検定監督官に申し出てください。
11．検定問題の著作権は協会に帰属します。検定問題の一部または全部を協会の許可なく複製，または他に伝え，漏えい（インターネット，SNS等への掲載を含む）することは一切禁じます。
12．検定終了後，この問題用紙は解答用紙と一緒に回収します。必ず検定監督官に提出してください。

※検定上の注意は，実際の検定問題用紙に書かれている内容をそのまま掲載しています。

氏　名		受検番号	―

公益財団法人　日本数学検定協会

1　右の図のような AB＞AC である △ABC があ
ります。∠CPA＝∠BCA を満たすように辺 AB
上に点 P をとるとき，次の問いに答えなさい。

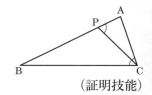

(1)　△ABC∽△ACP を証明しなさい。　（証明技能）

(2)　∠CPA＝∠BCA＝90°，BC＝4cm，CA＝2cm とします。点 P から
辺 BC に引いた垂線と辺 BC との交点を Q とするとき，線分 BQ の長
さを求めなさい。この問題は答えだけを書いてください。　（測定技能）

16

2 次の問いに答えなさい。

(3) 縦の長さが100cm，横の長さが70cmの長方形があります。この長方形の縦の長さを x cm 短くし，横の長さを x cm 長くした長方形の面積が7125cm^2 であるとき，x を求めるための方程式をつくり，それを解いて x の値を求めなさい。ただし，$0<x<100$ とします。

3 次の問いに答えなさい。

(4) 等式 $\sqrt{7} - \sqrt{x} = -\sqrt{63}$ を満たす x の値を求めなさい。ただし，$x \geqq 0$ とします。この問題は答えだけを書いてください。

4　a を定数とします。2次関数 $y=2x^2-12x+a$ について，次の問いに答えなさい。

(5) y の最小値を求め，a を用いて表しなさい。また，そのときの x の値を求めなさい。　　　　　　　　　　　　　　　　　（表現技能）

(6) $1\leqq x\leqq 4$ における y の最大値が -3 であるとき，a の値を求めなさい。この問題は答えだけを書いてください。

5　次の問いに答えなさい。

(7) $\sin A=\dfrac{2}{3}$ である $\triangle ABC$ の外接円の半径が6であるとき，辺 BC の長さを求めなさい。　　　　　　　　　　　　　　　　　（測定技能）

6 　AさんとBさんが1回じゃんけんをします。Aさんがグー，チョキ，パーを出す確率はそれぞれ$\frac{4}{9}$，$\frac{1}{3}$，$\frac{2}{9}$で，Bさんがグー，チョキ，パーを出す確率はそれぞれ$\frac{1}{2}$，$\frac{1}{5}$，$\frac{3}{10}$です。これについて，次の問いに答えなさい。

(8)　2人ともチョキを出す確率を求めなさい。この問題は答えだけを書いてください。

(9)　Aさんが勝つ確率を求めなさい。

7 次の問いに答えなさい。

⑽ 2 , 3 , 4 , 5 , 6 のカードが 1 枚ずつあります。この中から 3 枚を選んで並べ，3 桁の素数 p をつくるとき，各位の数の和（百の位，十の位，一の位の数の和）も素数となるような p は全部で 3 つあります。それらをすべて求めなさい。この問題は答えだけを書いてください。

（整理技能）

実用数学技能検定

準2級

1次：計算技能検定

［検定時間］
50分

━━━━━ 検定上の注意 ━━━━━

1. 自分が受検する階級の問題用紙であるか確認してください。
2. 検定開始の合図があるまで問題用紙を開かないでください。
3. この表紙の下の欄に，氏名・受検番号を書いてください。
4. 解答用紙の氏名・受検番号・生年月日の記入欄は，もれのないように書いてください。
5. 解答用紙には答えだけを書いてください。
6. 答えが分数になるとき，約分してもっとも簡単な分数にしてください。
7. 答えに根号が含まれるとき，根号の中の数はもっとも小さい正の整数にしてください。
8. 電卓・ものさし・コンパスを使用することはできません。
9. 携帯電話は電源を切り，検定中に使用しないでください。
10. 問題用紙に乱丁・落丁がありましたら検定監督官に申し出てください。
11. 検定問題の著作権は協会に帰属します。検定問題の一部または全部を協会の許可なく複製，または他に伝え，漏えい（インターネット，SNS等への掲載を含む）することは一切禁じます。
12. 検定終了後，この問題用紙は解答用紙と一緒に回収します。必ず検定監督官に提出してください。

※検定上の注意は，実際の検定問題用紙に書かれている内容をそのまま掲載しています。

氏　名		受検番号	―

公益財団法人 日本数学検定協会

〔準2級〕 1次：計算技能検定

1 次の問いに答えなさい。

(1) 次の式を展開して計算しなさい。

$$(a+b)(a-3b)-(a+2b)(a-4b)$$

(2) 次の式を因数分解しなさい。

$$(a+1)^2-3(a+1)-28$$

(3) 次の計算をしなさい。

$$\sqrt{2}\,(\sqrt{8}-2\sqrt{3}\,)+(\sqrt{3}+\sqrt{2}\,)^2$$

(4) 次の方程式を解きなさい。

$$x^2-10x+7=0$$

(5) 関数 $y=ax^2$ について，$x=-3$ のとき $y=12$ です。このとき，定数 a の値を求めなさい。

2 次の問いに答えなさい。

(6) 右の図において，3 点 A，B，C が円 O の周上
にあるとき，∠x の大きさを求めなさい。

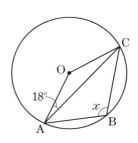

(7) 右の図の直角三角形について，x の値を求めなさい。

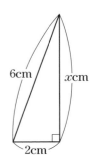

(8) 次の式を展開して計算しなさい。

$$(x^2-x+3)(x^2-x-1)$$

(9) 次の式を因数分解しなさい。

$$3a^2b+4ab-7b$$

(10) 次の計算をしなさい。答えが分数になるときは，分母を有理化して答
えなさい。

$$\frac{1}{2\sqrt{7}+3\sqrt{3}}+\frac{1}{2\sqrt{7}-3\sqrt{3}}$$

3 次の問いに答えなさい。

(11) 放物線 $y = x^2 + 3x$ の頂点の座標を求めなさい。

(12) 次の不等式を解きなさい。

$$0.6x + 1.4 > x + 2$$

(13) 右の図において，直線 PT は円 O の接
線で，T は接点です。点 P から円 O に 2
点で交わるように直線を引き，点 P に近
いほうから交点を A，B とするとき，$\angle x$
の大きさを求めなさい。

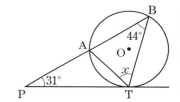

(14) $90° < \theta < 180°$ で $\sin\theta = \dfrac{1}{6}$ のとき，次の問いに答えなさい。

　① $\cos\theta$ の値を求めなさい。

　② $\tan\theta$ の値を求めなさい。

(15) 次の問いに答えなさい。

　① ${}_6\mathrm{P}_5$ の値を求めなさい。

　② ${}_{10}\mathrm{C}_7$ の値を求めなさい。

実用数学技能検定

準2級

2次：数理技能検定

[検定時間]
90分

─── 検定上の注意 ───

1. 自分が受検する階級の問題用紙であるか確認してください。
2. 検定開始の合図があるまで問題用紙を開かないでください。
3. この表紙の下の欄に，氏名・受検番号を書いてください。
4. 解答用紙の氏名・受検番号・生年月日の記入欄は，もれのないように書いてください。
5. 解答は必ず解答用紙（裏面にもあります）に書き，解法の過程がわかるように記述してください。ただし，「答えだけを書いてください」と指示されている問題は答えだけを書いてください。
6. 答えが分数になるとき，約分してもっとも簡単な分数にしてください。
7. 答えに根号が含まれるとき，根号の中の数はもっとも小さい正の整数にしてください。
8. 電卓を使用することができます。
9. 携帯電話は電源を切り，検定中に使用しないでください。
10. 問題用紙に乱丁・落丁がありましたら検定監督官に申し出てください。
11. 検定問題の著作権は協会に帰属します。検定問題の一部または全部を協会の許可なく複製，または他に伝え，漏えい（インターネット，SNS等への掲載を含む）することは一切禁じます。
12. 検定終了後，この問題用紙は解答用紙と一緒に回収します。必ず検定監督官に提出してください。

※検定上の注意は，実際の検定問題用紙に書かれている内容をそのまま掲載しています。

氏　名		受検番号	―

公益財団法人 日本数学検定協会

〔準2級〕　2次：数理技能検定

1 　右の図の四角錐 O−ABCD について，四角形 ABCD は長方形で AB＝$2\sqrt{7}$ cm，BC＝6cm，OA＝OB＝OC＝OD＝10cm です。これについて，次の問いに答えなさい。　（測定技能）

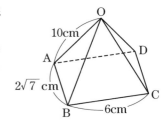

(1)　線分 AC の長さを求めなさい。

(2)　四角錐 O−ABCD の体積を求めなさい。この問題は答えだけを書いてください。

2 　次の問いに答えなさい。

(3)　ある数 x に 3 を加えてから 2 乗するところを，誤って x を 2 乗してから 3 を加えたため，計算の結果が 24 大きくなりました。x を求めるための方程式をつくり，それを解いて x の値を求めなさい。

3　次の問いに答えなさい。

(4)　$3.6<\sqrt{n}<\dfrac{35}{9}$ を満たす正の整数 n の値をすべて求めなさい。この問題は答えだけを書いてください。

4　m を定数とします。2 次関数 $y=x^2-2(m+1)x+2m+3$ について，次の問いに答えなさい。

(5)　y の最小値とそのときの x の値を，それぞれ m を用いて表しなさい。
（表現技能）

(6)　この 2 次関数のグラフが点 $(3,\ -14)$ を通るとき，m の値を求めなさい。この問題は答えだけを書いてください。

27

5 次の問いに答えなさい。

(7) AB＝3，BC＝7，CA＝$\sqrt{30}$ である △ABC について，余弦定理を用いて，$\cos B$ の値を求めなさい。 （測定技能）

6 1，2，3，4，5，6，7，8，9，10，11，12 の計 12 個の整数の中から無作為に 3 個を選ぶとき，次の問いに答えなさい。

(8) 3 個の整数の選び方は全部で何通りありますか。この問題は答えだけを書いてください。

(9) 選んだ 3 個の整数の積が偶数となる確率を求めなさい。

7 次の問いに答えなさい。

(10) 次の①，②にあてはまる整数をそれぞれ求めなさい。この問題は答えだけを書いてください。 （整理技能）
　① 2 で割っても 3 で割っても余りが 1 である 50 以下の整数のうち，最大の整数

　② 2，3，4，5，6，7，8，9，10 のどれで割っても余りが 1 である 2 以上の整数のうち，最小の整数

実用数学技能検定

準2級

1次：計算技能検定

[検定時間]
50分

検定上の注意
---

1. 自分が受検する階級の問題用紙であるか確認してください。
2. 検定開始の合図があるまで問題用紙を開かないでください。
3. この表紙の下の欄に，氏名・受検番号を書いてください。
4. 解答用紙の氏名・受検番号・生年月日の記入欄は，もれのないように書いてください。
5. 解答用紙には答えだけを書いてください。
6. 答えが分数になるとき，約分してもっとも簡単な分数にしてください。
7. 答えに根号が含まれるとき，根号の中の数はもっとも小さい正の整数にしてください。
8. 電卓・ものさし・コンパスを使用することはできません。
9. 携帯電話は電源を切り，検定中に使用しないでください。
10. 問題用紙に乱丁・落丁がありましたら検定監督官に申し出てください。
11. 検定問題の著作権は協会に帰属します。検定問題の一部または全部を協会の許可なく複製，または他に伝え，漏えい（インターネット，SNS等への掲載を含む）することは一切禁じます。
12. 検定終了後，この問題用紙は解答用紙と一緒に回収します。必ず検定監督官に提出してください。

※検定上の注意は，実際の検定問題用紙に書かれている内容をそのまま掲載しています。

氏　名		受検番号	―

公益財団法人　日本数学検定協会

〔準2級〕 1次：計算技能検定

1 次の問いに答えなさい。

(1) 次の式を展開して計算しなさい。

$$(3a-b)(2b-a)-a(2a+7b)$$

(2) 次の式を因数分解しなさい。

$$a^2+8ab+16b^2$$

(3) 次の計算をしなさい。

$$\sqrt{64}-\sqrt{32}+\sqrt{16}-\sqrt{8}+\sqrt{4}-\sqrt{2}+\sqrt{1}$$

(4) 次の方程式を解きなさい。

$$x^2-2x-5=0$$

(5) y は x^2 に比例し，$x=3$ のとき $y=-18$ です。このとき，y を x を用いて表しなさい。

2 次の問いに答えなさい。

(6) 右の図において，$\ell /\!/ m$ かつ $m /\!/ n$ のとき，x の値を求めなさい。

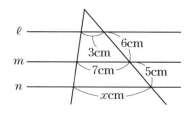

(7) 縦 20cm，横 40cm の長方形について，対角線の長さを求めなさい。

(8) 次の式を展開して計算しなさい。

$$(a^2 + 2a - 2)^2$$

(9) 次の式を因数分解しなさい。

$$81a^4 - 1$$

(10) 次の計算をしなさい。

$$\frac{2}{\sqrt{7}+3} + \sqrt{7}$$

3 次の問いに答えなさい。

(11) 2つの集合 $A=\{1,\ 2,\ 3,\ 5,\ 8,\ 13\}$，$B=\{2,\ 3,\ 5,\ 7,\ 11,\ 13\}$ について，集合 $A\cap B$ を要素を書き並べる方法で表しなさい。

(12) 次の2次不等式を解きなさい。

$$x^2-5x-6<0$$

(13) 右の図において，x の値を求めなさい。ただし，AB と CD は円の弦です。

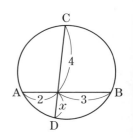

(14) $0°<\theta<180°$ で $\cos\theta=\dfrac{5}{6}$ のとき，次の問いに答えなさい。

① $\sin\theta$ の値を求めなさい。

② $\tan\theta$ の値を求めなさい。

(15) 次の問いに答えなさい。

① $_4\mathrm{P}_2$ の値を求めなさい。

② $_8\mathrm{C}_4$ の値を求めなさい。

実用数学技能検定

準2級

2次：数理技能検定

[検定時間]
90分

――――― **検定上の注意** ―――――

1. 自分が受検する階級の問題用紙であるか確認してください。
2. 検定開始の合図があるまで問題用紙を開かないでください。
3. この表紙の下の欄に，氏名・受検番号を書いてください。
4. 解答用紙の氏名・受検番号・生年月日の記入欄は，もれのないように書いてください。
5. 解答は必ず解答用紙（裏面にもあります）に書き，解法の過程がわかるように記述してください。ただし，「答えだけを書いてください」と指示されている問題は答えだけを書いてください。
6. 答えが分数になるとき，約分してもっとも簡単な分数にしてください。
7. 答えに根号が含まれるとき，根号の中の数はもっとも小さい正の整数にしてください。
8. 電卓を使用することができます。
9. 携帯電話は電源を切り，検定中に使用しないでください。
10. 問題用紙に乱丁・落丁がありましたら検定監督官に申し出てください。
11. 検定問題の著作権は協会に帰属します。検定問題の一部または全部を協会の許可なく複製，または他に伝え，漏えい（インターネット，SNS等への掲載を含む）することは一切禁じます。
12. 検定終了後，この問題用紙は解答用紙と一緒に回収します。必ず検定監督官に提出してください。

※検定上の注意は，実際の検定問題用紙に書かれている内容をそのまま掲載しています。

氏　名		受検番号	―

公益財団法人 日本数学検定協会

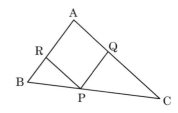

1　　右の図のように，△ABC の辺 BC，CA，AB 上にそれぞれ点 P，Q，R をとります。AB＝8cm，CA＝12cm で，四角形 ARPQ がひし形であるとき，次の問いに答えなさい。

(1)　AQ＝$x$cm とするとき，x の値を求めなさい。ただし，0＜x＜8 とします。

(2)　△RBP の面積は △ABC の面積の何倍ですか。この問題は答えだけを書いてください。

2 次の問いに答えなさい。

(3) n を整数とします。3つの整数 $n-2$, n, $n+2$ について，それぞれを2乗した数の和を P，もっとも大きい数ともっとも小さい数の積を3倍した数を Q とするとき，$P-Q$ は n の値にかかわらず，つねに一定の値をとります。このことを，文字式の計算を用いて証明しなさい。また，その一定の値を求めなさい。　　　　　　　　　　　　　　　　　（証明技能）

3 次の問いに答えなさい。

(4) n を正の整数とします。$2.5 < \sqrt{n} < 3.2$ を満たす n の値をすべて求めなさい。この問題は答えだけを書いてください。

4　a を定数とします。放物線 $y=x^2+2ax+4a+5$ について，次の問い
に答えなさい。

(5)　この放物線の頂点の座標を求め，a を用いて表しなさい。この問題は
答えだけを書いてください。　　　　　　　　　　　　　　　（表現技能）

(6)　この放物線が x 軸と共有点をもつとき，a のとり得る値の範囲を求
めなさい。

5　次の問いに答えなさい。

(7)　右の図のように，△ABC の内接円
I と辺 BC，CA，AB との接点をそれ
ぞれ D，E，F とします。AB＝8，
BC＝9，CA＝5 のとき，線分 BD の
長さを求めなさい。　　　（測定技能）

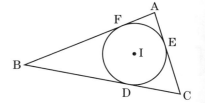

6 　正方形の3つの頂点を結んでできる三角形は全部で4個あります。正十二角形の3つの頂点を結んで三角形をつくるとき，次の問いに答えなさい。

(8) 　できる三角形は全部で何個ありますか。この問題は答えだけを書いてください。

(9) 　できる三角形のうち，もとの正十二角形と辺を共有しないものは全部で何個ありますか。

7　次の問いに答えなさい。

(10)　令和 4 年は 2022 年です。そこで，$a=4$，$b=20$，$c=22$ とすると，次の等式が成り立ちます。

$$a^2 + b^2 + c^2 = 900$$

この等式を満たす正の整数 a，b，c の組で，$a \leq b \leq c$ を満たすものはあと 2 組あり，どちらも 10 を含みます。それらを 2 組とも求めなさい。この問題は答えだけを書いてください。　　　　　（整理技能）

実用数学技能検定

準２級

１次：計算技能検定

［検定時間］
50分

──────── 検定上の注意 ────────

1. 自分が受検する階級の問題用紙であるか確認してください。
2. 検定開始の合図があるまで問題用紙を開かないでください。
3. この表紙の下の欄に，氏名・受検番号を書いてください。
4. 解答用紙の氏名・受検番号・生年月日の記入欄は，もれのないように書いてください。
5. 解答用紙には答えだけを書いてください。
6. 答えが分数になるとき，約分してもっとも簡単な分数にしてください。
7. 答えに根号が含まれるとき，根号の中の数はもっとも小さい正の整数にしてください。
8. 電卓・ものさし・コンパスを使用することはできません。
9. 携帯電話は電源を切り，検定中に使用しないでください。
10. 問題用紙に乱丁・落丁がありましたら検定監督官に申し出てください。
11. 検定問題の著作権は協会に帰属します。検定問題の一部または全部を協会の許可なく複製，または他に伝え，漏えい（インターネット，SNS等への掲載を含む）することは一切禁じます。
12. 検定終了後，この問題用紙は解答用紙と一緒に回収します。必ず検定監督官に提出してください。

※検定上の注意は，実際の検定問題用紙に書かれている内容をそのまま掲載しています。

氏　名		受検番号	―

公益財団法人 日本数学検定協会

〔準2級〕 1次：計算技能検定

1 次の問いに答えなさい。

(1) 次の式を展開して計算しなさい。

$$(x+3)(x-3)-(x-5)(x+5)$$

(2) 次の式を因数分解しなさい。

$$9a^2b+ab^2$$

(3) 次の計算をしなさい。

$$(\sqrt{5}-\sqrt{2})^2+2\sqrt{2}(3\sqrt{2}+\sqrt{5})$$

(4) 次の方程式を解きなさい。

$$x^2+6x-10=0$$

(5) 関数 $y=-3x^2$ において，x の値が -4 から -1 まで増加するときの変化の割合を求めなさい。

2 次の問いに答えなさい。

(6) 右の図において，3点 A，B，C は円 O の周上にあります。∠ABO＝28°，∠ACO＝30° のとき，∠x の大きさを求めなさい。

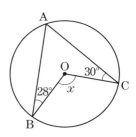

(7) 1辺の長さが 8 cm の正三角形について，1辺を底辺としたときの高さを求めなさい。答えが分数になるときは，分母を有理化して答えなさい。

(8) 次の式を展開して計算しなさい。

$$(a+1)(a+3)(a-4)$$

(9) 次の式を因数分解しなさい。

$$a^2+2a+1-b^2$$

(10) 循環小数 $0.\dot{5}\dot{7}$ を分数で表しなさい。

3　次の問いに答えなさい。

(11)　放物線 $y = x^2 + 10x + 10$ の頂点の座標を求めなさい。

(12)　次の不等式を解きなさい。

$$\frac{1}{5}x - 2 > 0.4x + 0.6$$

(13)　右の図において，x の値を求めなさい。ただし，AC と BD は円の弦です。

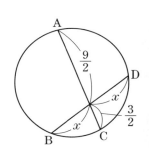

(14)　$90° < \theta < 180°$ で $\sin\theta = \dfrac{2}{3}$ のとき，次の問いに答えなさい。

①　$\cos\theta$ の値を求めなさい。

②　$\tan\theta$ の値を求めなさい。

(15)　次の問いに答えなさい。

①　${}_{10}\mathrm{P}_3$ の値を求めなさい。

②　$\dfrac{10!}{7!3!}$ の値を求めなさい。

実用数学技能検定

準2級

2次：数理技能検定

[検定時間]
90分

—— 検定上の注意 ——

1. 自分が受検する階級の問題用紙であるか確認してください。
2. 検定開始の合図があるまで問題用紙を開かないでください。
3. この表紙の下の欄に，氏名・受検番号を書いてください。
4. 解答用紙の氏名・受検番号・生年月日の記入欄は，もれのないように書いてください。
5. 解答は必ず解答用紙（裏面にもあります）に書き，解法の過程がわかるように記述してください。ただし，「答えだけを書いてください」と指示されている問題は答えだけを書いてください。
6. 答えが分数になるとき，約分してもっとも簡単な分数にしてください。
7. 答えに根号が含まれるとき，根号の中の数はもっとも小さい正の整数にしてください。
8. 電卓を使用することができます。
9. 携帯電話は電源を切り，検定中に使用しないでください。
10. 問題用紙に乱丁・落丁がありましたら検定監督官に申し出てください。
11. 検定問題の著作権は協会に帰属します。検定問題の一部または全部を協会の許可なく複製，または他に伝え，漏えい（インターネット，SNS等への掲載を含む）することは一切禁じます。
12. 検定終了後，この問題用紙は解答用紙と一緒に回収します。必ず検定監督官に提出してください。

※検定上の注意は，実際の検定問題用紙に書かれている内容をそのまま掲載しています。

氏　名		受検番号	―

公益財団法人 日本数学検定協会

〔準2級〕 2次：数理技能検定

1 右の図の立体は，AE＝6cm，EF＝FG＝4cm の直方体 ABCD－EFGH です。辺 DH，BF の中点をそれぞれ P，Q とするとき，次の問いに答えなさい。 （測定技能）

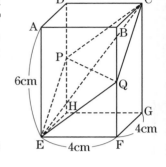

(1) 線分 CE の長さを求めなさい。

(2) 四角形 CPEQ の面積を求めなさい。この問題は答えだけを書いてください。

2 次の問いに答えなさい。

(3) $x = 13 + 9\sqrt{2}$，$y = 13 - 9\sqrt{2}$ のとき，$x^2 y + xy^2 - 16xy$ の値を求めなさい。

3　次の問いに答えなさい。

(4)　2つの三角形 △ABC，△DEF について △ABC∽△DEF です。
AB＝6cm，DE＝30cm で △ABC の面積が 24cm^2 であるとき，△DEF
の面積は何 cm^2 ですか。この問題は答えだけを書いてください。

（測定技能）

4　a を定数とします。放物線 $y＝-x^2＋4ax＋5a^2－3$ について，次の問
いに答えなさい。

(5)　$a＝-1$ のとき，この放物線の頂点の座標を求めなさい。この問題は
答えだけを書いてください。

(6)　この放物線が x 軸と共有点をもつとき，a のとり得る値の範囲を求
めなさい。

5　次の問いに答えなさい。

(7)　△ABC において，AB＝3，$\sin A = \dfrac{3}{4}$，$\sin C = \dfrac{2}{5}$ のとき，辺 BC の

長さを求めなさい。　　　　　　　　　　　　　　　　　（測定技能）

6　白球 8 個と赤球 4 個の計 12 個の球が入った袋があります。この中から無作為に選んだ 1 個の球を取り出し，色を調べてからもとに戻します。この操作を 5 回繰り返すとき，次の問いに答えなさい。

(8)　5 回とも赤球を取り出す確率を求めなさい。この問題は答えだけを書いてください。

(9)　白球をちょうど 3 回取り出す確率を求めなさい。

7 次の問いに答えなさい。

(10) 4つの整数 a, b, c, d があり，$a < b < c < d$ を満たしています。これら4つの整数に対し

$$a+b, \ a+c, \ a+d, \ b+c, \ b+d, \ c+d$$

の値をそれぞれ求め，その計算結果を小さいほうから順に並べたところ

27, 34, 36, 37, 39, 46

となりました。このとき，a, b, c, d の値を求めなさい。この問題は答えだけを書いてください。 （整理技能）

◆監修者紹介◆

公益財団法人 日本数学検定協会

　公益財団法人日本数学検定協会は，全国レベルの実力・絶対評価システムである実用数学技能検定を実施する団体です。

　第1回を実施した1992年には5,500人だった受検者数は2006年以降は年間30万人を超え，数学検定を実施する学校や教育機関も18,000団体を突破しました。

　数学検定2級以上を取得すると文部科学省が実施する「高等学校卒業程度認定試験」の「数学」科目が試験免除されます。このほか，大学入学試験での優遇措置や高等学校等の単位認定等に組み入れる学校が増加しています。また，日本国内はもちろん，フィリピン，カンボジア，タイなどでも実施され，海外でも高い評価を得ています。

　いまや数学検定は，数学・算数に関する検定のスタンダードとして，進学・就職に必須の検定となっています。

◆デザイン：星 光信（Xin-Design）
◆編集協力：菅 清明（SYNAPS）
◆イラスト：une corn ウネハラ ユウジ
◆DTP：（株）明昌堂
　　　　データ管理コード：23-2031-2253（2023）

この本は，下記のように環境に配慮して製作しました。
・製版フィルムを使用しないCTP方式で印刷しました。
・環境に配慮した紙を使用しています。

読者アンケートのお願い

本書に関するアンケートにご協力ください。下のコードかURLからアクセスし，以下のアンケート番号を入力してご回答ください。当事業部に届いたものの中から抽選で，「図書カードネットギフト」をプレゼントいたします。

　　URL：https://ieben.gakken.jp/qr/suuken/
　　アンケート番号：305871

第1回 準2級1次：計算技能検定 解 答

1	(1)	
	(2)	
	(3)	
	(4)	
	(5)	
2	(6)	
	(7)	
	(8)	
	(9)	
	(10)	

用 紙

5	(7)	※解法の過程を記述してください。
6	(8)	
	(9)	※解法の過程を記述してください。
7	(10)	

ふりがな		受検番号
氏名		

		※解法の過程を記述してください。
1	(1)	
	(2)	
2	(3)	※解法の過程を記述してください。
3	(4)	
4	(5)	※解法の過程を記述してください。
	(6)	

用　紙

● 答えを直すときは、消しゴムできれいに消してください。
● 答えは、解答用紙にはっきりと書いてください。

3	(11)	
	(12)	
	(13)	
	(14)	①
		②
	(15)	①
		②

ふりがな		受検番号
氏名		

第2回 準2級1次：計算技能検定 解答

1	(1)	
	(2)	
	(3)	
	(4)	
	(5)	
2	(6)	
	(7)	
	(8)	
	(9)	
	(10)	

用 紙

5	(7)	※解法の過程を記述してください。
	(8)	
6	(9)	※解法の過程を記述してください。
7	(10)	① ②

ふりがな		受検番号
氏名		

第2回 準2級2次：数理技能検定 解

1	(1)	※解法の過程を記述してください。
	(2)	
2	(3)	※解法の過程を記述してください。
3	(4)	
4	(5)	※解法の過程を記述してください。
	(6)	

紙

3	(11)	
	(12)	
	(13)	
	(14)	①
		②
	(15)	①
		②

ふりがな		受検番号
氏名		

第3回 準2級1次：計算技能検定 解 答

1	(1)	
	(2)	
	(3)	
	(4)	
	(5)	
2	(6)	
	(7)	
	(8)	
	(9)	
	(10)	

用 紙

5	(7)	※解法の過程を記述してください。

6	(8)	
	(9)	※解法の過程を記述してください。

7	(10)	a	b	c	a	b	c

ふりがな		受検番号
氏名		

第3回 準2級2次：数理技能検定 解答

1	(1)	※解法の過程を記述してください。
	(2)	
2	(3)	※解法の過程を記述してください。
3	(4)	
	(5)	
4	(6)	※解法の過程を記述してください。

用　紙

3	(11)	
	(12)	
	(13)	
	(14)	①
		②
	(15)	①
		②

ふりがな		受検番号
氏名		

1	(1)	※解法の過程を記述してください。
	(2)	
2	(3)	※解法の過程を記述してください。
3	(4)	
	(5)	
4	(6)	※解法の過程を記述してください。

用　紙

3	(11)	
	(12)	
	(13)	
	(14)	①
		②
	(15)	①
		②

ふりがな		受検番号
氏名		

第4回 準2級1次：計算技能検定 解答

1	(1)	
	(2)	
	(3)	
	(4)	
	(5)	
2	(6)	
	(7)	
	(8)	
	(9)	
	(10)	

用 紙

● 答えを直すときは、消しゴムできれいに消してください。
● 答えは、解答用紙にはっきりと書いてください。

5	(7)	※解法の過程を記述してください。

6	(8)	
	(9)	※解法の過程を記述してください。

7	(10)	a	b	c	d

ふりがな		受検番号
氏名		

Gakken

公益財団法人 日本数学検定協会 監修

受かる! 数学検定［過去問題集］

解答と解説

改訂版　準2級

Pre2

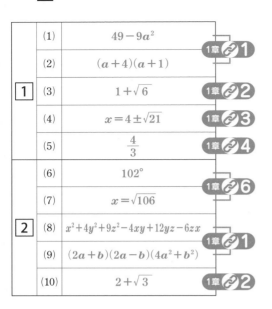

1	(1)	$49 - 9a^2$	1章 1
	(2)	$(a+4)(a+1)$	
	(3)	$1 + \sqrt{6}$	1章 2
	(4)	$x = 4 \pm \sqrt{21}$	1章 3
	(5)	$\dfrac{4}{3}$	1章 4
2	(6)	$102°$	1章 6
	(7)	$x = \sqrt{106}$	
	(8)	$x^2 + 4y^2 + 9z^2 - 4xy + 12yz - 6zx$	1章 1
	(9)	$(2a+b)(2a-b)(4a^2+b^2)$	
	(10)	$2 + \sqrt{3}$	1章 2

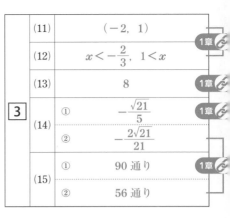

3	(11)	$(-2,\ 1)$	1章
	(12)	$x < -\dfrac{2}{3},\ 1 < x$	
	(13)	8	1章
	(14) ①	$-\dfrac{\sqrt{21}}{5}$	1章
	(14) ②	$-\dfrac{2\sqrt{21}}{21}$	
	(15) ①	90 通り	1章
	(15) ②	56 通り	

◇◆◇準2級1次（計算技能検定）◇◆◇　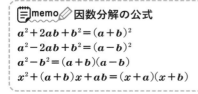解説　◇◆◇

1 (1) **乗法公式**を利用する。

$$(7-3a)(7+3a) = 7^2 - (3a)^2$$
$$= 49 - 9a^2$$

> **memo　乗法公式**
> $(a+b)^2 = a^2 + 2ab + b^2$
> $(a-b)^2 = a^2 - 2ab + b^2$
> $(a+b)(a-b) = a^2 - b^2$
> $(x+a)(x+b) = x^2 + (a+b)x + ab$

(2) **因数分解の公式**を利用する。

$$a^2 + 5a + 4$$
$$= a^2 + (4+1)a + 4 \cdot 1$$
$$= (a+4)(a+1)$$

> **memo　因数分解の公式**
> $a^2 + 2ab + b^2 = (a+b)^2$
> $a^2 - 2ab + b^2 = (a-b)^2$
> $a^2 - b^2 = (a+b)(a-b)$
> $x^2 + (a+b)x + ab = (x+a)(x+b)$

(3) 展開して根号の中が同じ数をまとめる。

$$(\sqrt{2} + \sqrt{3})(2\sqrt{2} - \sqrt{3})$$
$$= \sqrt{2} \times 2\sqrt{2} - \sqrt{2} \times \sqrt{3}$$
$$\qquad\qquad + \sqrt{3} \times 2\sqrt{2} - \sqrt{3} \times \sqrt{3}$$
$$= 4 - \sqrt{6} + 2\sqrt{6} - 3 = 1 + \sqrt{6}$$

> **memo　$(a+b)(c+d)$ の計算**
> $(a+b)(c+d)$
> $= (a+b)M$　）$c+d$ を M とおく
> $= aM + bM$　）分配法則
> $= a(c+d) + b(c+d)$　）M を $c+d$ に戻す
> $= ac + ad + bc + bd$　）分配法則

(4) **2次方程式の解の公式**より，

$$x = \frac{-(-8) \pm \sqrt{(-8)^2 - 4 \times 1 \times (-5)}}{2 \times 1}$$
$$= \frac{8 \pm \sqrt{64 + 20}}{2} = \frac{8 \pm \sqrt{84}}{2}$$
$$= \frac{8 \pm \sqrt{2^2 \times 21}}{2} = \frac{8 \pm 2\sqrt{21}}{2} = 4 \pm \sqrt{21}$$

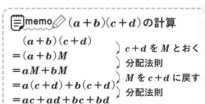

📝memo✏️ **2次方程式の解の公式**

2次方程式 $ax^2+bx+c=0$ の解は,

$$x=\frac{-b\pm\sqrt{b^2-4ac}}{2a}$$

⚠️※ミス注意‼️ 根号の中はできるだけ小さく

$\dfrac{8\pm\sqrt{84}}{2}$ を答えとしないこと。

[別解] x の係数が偶数のときの2次方程式の解の公式より,

$$x=\frac{-(-4)\pm\sqrt{(-4)^2-1\times(-5)}}{1}$$
$$=4\pm\sqrt{16+5}=4\pm\sqrt{21}$$

📝memo✏️ **x の係数が偶数のときの2次方程式の解の公式**

2次方程式 $ax^2+2b'x+c=0$ の解は,

$$x=\frac{-b'\pm\sqrt{b'^2-ac}}{a}$$

[別解] 平方根の考えを利用すると,

$x^2-8x-5=0,\quad x^2-8x=5$

$x^2-8x+16=5+16$

$(x-4)^2=21,\quad x-4=\pm\sqrt{21},$

$x=4\pm\sqrt{21}$

(5) **$x,\ y$ の増加量を求める。**

$x=1$ のとき, $y=\dfrac{1}{3}\times 1^2=\dfrac{1}{3}$

$x=3$ のとき, $y=\dfrac{1}{3}\times 3^2=3$

x の値が1から3まで増加するとき,

y の値は $\dfrac{1}{3}$ から3まで増加する。

よって, 変化の割合は, $\dfrac{3-\dfrac{1}{3}}{3-1}=\dfrac{4}{3}$

📝memo✏️ **変化の割合**

変化の割合 $=\dfrac{y\ \text{の増加量}}{x\ \text{の増加量}}$

2 (6) **円周角の定理を利用する。**

点 B を含まない弧 AC に対する中心角は,

$360°-156°=204°$

円周角の定理より,

$$\angle\text{ABC}=\frac{1}{2}\times 204°=102°$$

📝memo✏️ **円周角の定理**

1つの弧に対する円周角の大きさは一定であり, その弧に対する中心角の大きさの半分である。

(7) 三平方の定理より,

$x^2=5^2+9^2=106$

$x>0$ だから, $x=\sqrt{106}\,(\text{cm})$

📝memo✏️ **三平方の定理**

右の図の直角三角形で,

$$a^2+b^2=c^2$$

が成り立つ。

(8) **乗法公式を利用する。**

$(a+b+c)^2=a^2+b^2+c^2+2ab+2bc+2ca$

上の式で, $a=x,\ b=-2y,\ c=-3z$ とすると,

$(x-2y-3z)^2$

$=x^2+(-2y)^2+(-3z)^2+2\cdot x\cdot(-2y)$

$\qquad +2\cdot(-2y)\cdot(-3z)+2\cdot(-3z)\cdot x$

$=x^2+4y^2+9z^2-4xy+12yz-6zx$

公式を忘れたときは, 次のように導くこともできる。

$(a+b+c)(a+b+c)$

$=a(a+b+c)+b(a+b+c)+c(a+b+c)$

$=a^2+ab+ca+ab+b^2+bc+ca+bc+c^2$

$=a^2+b^2+c^2+2ab+2bc+2ca$

[別解] **乗法公式を利用する。**

$(a-b)^2=a^2-2ab+b^2$

$$\{(x-2y)-3z\}^2$$
$$=(x-2y)^2-2\cdot(x-2y)\cdot3z+(3z)^2$$
$$=x^2-4xy+4y^2-6zx+12yz+9z^2$$

(9) **因数分解の公式を利用する。**

$$a^2-b^2=(a+b)(a-b)$$
$$16a^4-b^4=(4a^2)^2-(b^2)^2$$
$$=(4a^2+b^2)(4a^2-b^2)$$
$$=(2a+b)(2a-b)(4a^2+b^2)$$

> **miss※ミス注意!! 途中で答えとしない**
>
> かっこでくくられているからといって，$(4a^2+b^2)(4a^2-b^2)$ を答えとしてはいけない。$4a^2-b^2$ はまだ因数分解できる。

(10) $\dfrac{1}{\sqrt{a}-b}$, $\dfrac{1}{\sqrt{a}+\sqrt{b}}$ のように，分母が根号を含む式で表されるとき，$(A+B)(A-B)=A^2-B^2$ を利用して**分母を有理化**する。

$$\frac{\sqrt{3}}{\sqrt{2}-1}-\frac{\sqrt{2}}{\sqrt{3}+\sqrt{2}}$$
$$=\frac{\sqrt{3}(\sqrt{2}+1)}{(\sqrt{2}-1)(\sqrt{2}+1)}-\frac{\sqrt{2}(\sqrt{3}-\sqrt{2})}{(\sqrt{3}+\sqrt{2})(\sqrt{3}-\sqrt{2})}$$
$$=\frac{\sqrt{6}+\sqrt{3}}{2-1}-\frac{\sqrt{6}-2}{3-2}=2+\sqrt{3}$$

> **miss※ミス注意!! 分母の有理化**
>
> $$\frac{1}{\sqrt{a}-b}$$
> $$=\frac{\sqrt{a}+b}{(\sqrt{a}-b)(\sqrt{a}+b)}$$
> $$=\frac{\sqrt{a}+b}{(\sqrt{a})^2-b^2}=\frac{\sqrt{a}+b}{a-b^2}$$
> $$\frac{1}{\sqrt{a}+\sqrt{b}}$$
> $$=\frac{\sqrt{a}-\sqrt{b}}{(\sqrt{a}+\sqrt{b})(\sqrt{a}-\sqrt{b})}$$
> $$=\frac{\sqrt{a}-\sqrt{b}}{(\sqrt{a})^2-(\sqrt{b})^2}=\frac{\sqrt{a}-\sqrt{b}}{a-b}$$

③ (11) $y=a(x-p)^2+q$ の形にする。

$$y=x^2+4x+5$$
$$=x^2+4x+4-4+5$$
$$=(x+2)^2+1$$

よって，頂点の座標は，$(-2,\ 1)$

> **miss※ミス注意!! 符号をとり違えないように**
>
> 2次関数 $y=a(x-p)^2+q$ のグラフの頂点の座標は，$(p,\ q)$ である。

(12) $3x^2-x-2>0$ の左辺を因数分解すると，$(3x+2)(x-1)>0$

$-\dfrac{2}{3}<1$ だから，$x<-\dfrac{2}{3}$, $1<x$

> **memo✏ 2次不等式の解**
>
> 2次方程式
> $$ax^2+bx+c=0$$
> が2つの解 α, β をもつとき，
> $a>0$, $\alpha<\beta$ ならば，
> 2次不等式 $ax^2+bx+c>0$ の解は，
> $$x<\alpha,\ \beta<x$$
> 2次不等式 $ax^2+bx+c<0$ の解は，
> $$\alpha<x<\beta$$

[別解] 2次方程式 $3x^2-x-2=0$ を解の公式を使って解くと，

$$x=\frac{-(-1)\pm\sqrt{(-1)^2-4\times3\times(-2)}}{2\times3}$$
$$=\frac{1\pm\sqrt{25}}{6}=\frac{1\pm5}{6}$$
$$x=\frac{1+5}{6}\ \text{より，}\ x=1$$
$$x=\frac{1-5}{6}\ \text{より，}\ x=-\frac{2}{3}$$

よって，$3x^2-x-2>0$ の解は，
$$x<-\frac{2}{3},\ 1<x$$

(13) チェバの定理より，

$$\frac{BP}{CP}\cdot\frac{CQ}{QA}\cdot\frac{AR}{RB}=1$$

$$\frac{2}{CP}\cdot\frac{6}{2}\cdot\frac{4}{3}=1 \text{ より，} CP=8$$

📝memo✏ **チェバの定理**

△ABC の辺 BC，
CA，AB 上にそれ
ぞれ点 P, Q, R
があり，3直線
AP, BQ, CR が
1点で交わるとき，

$$\frac{BP}{PC}\cdot\frac{CQ}{QA}\cdot\frac{AR}{RB}=1$$

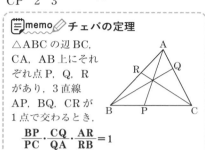

(14) **三角比の相互関係を利用する。**

$\sin^2\theta+\cos^2\theta=1$ だから，

① $\cos^2\theta=1-\sin^2\theta$

$$=1-\left(\frac{2}{5}\right)^2=\frac{21}{25}$$

$90°<\theta<180°$ より，$\cos\theta<0$ だから，

$$\cos\theta=-\sqrt{\frac{21}{25}}=-\frac{\sqrt{21}}{5}$$

② $\tan\theta=\dfrac{\sin\theta}{\cos\theta}$ だから，

$$\tan\theta=\frac{\dfrac{2}{5}}{-\dfrac{\sqrt{21}}{5}}$$

$$=-\frac{2}{\sqrt{21}}$$

$$=-\frac{2\sqrt{21}}{21}$$

💣**※ミス注意!! $\cos\theta$, $\tan\theta$ の正負**

① $0°<\theta<90°$ のとき，

$$\cos\theta=\frac{\sqrt{21}}{5}$$

$$\tan\theta=\frac{2}{\sqrt{21}}$$

$$=\frac{2\sqrt{21}}{21}$$

② $90°<\theta<180°$ のとき，

$$\cos\theta=-\frac{\sqrt{21}}{5}$$

$$\tan\theta=-\frac{2}{\sqrt{21}}=-\frac{2\sqrt{21}}{21}$$

(15)① 10人の生徒の中から2人を選んで
並べ，並べた順に委員長，副委員長に
なると考える。
よって，求める選び方は，

$$_{10}P_2=\frac{10!}{8!}=10\cdot9=90(通り)$$

② 8人の生徒の中から3人を選ぶ組合
せだから，求める選び方は，

$$_8C_3=\frac{8!}{3!5!}=\frac{8\cdot7\cdot6}{3\cdot2\cdot1}=56(通り)$$

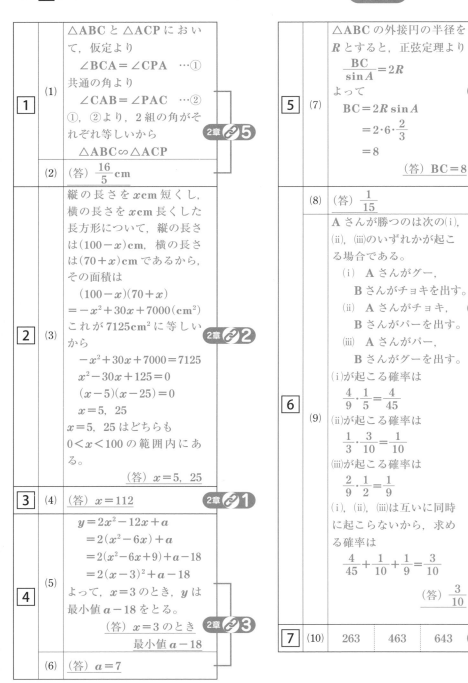

1 (1) △ABC と △ACP において，仮定より

$$\angle BCA = \angle CPA \quad \cdots ①$$

共通の角より

$$\angle CAB = \angle PAC \quad \cdots ②$$

①，②より，2組の角がそれぞれ等しいから

2章🔗5

$$△ABC \backsim △ACP$$

(2) （答）$\dfrac{16}{5}$ cm

2 (3) 縦の長さを x cm 短くし，横の長さを x cm 長くした長方形について，縦の長さは $(100-x)$ cm，横の長さは $(70+x)$ cm であるから，その面積は

$$(100-x)(70+x)$$
$$= -x^2+30x+7000 \,(\text{cm}^2)$$

これが 7125cm² に等しいから

2章🔗2

$$-x^2+30x+7000=7125$$
$$x^2-30x+125=0$$
$$(x-5)(x-25)=0$$
$$x=5,\ 25$$

$x=5,\ 25$ はどちらも $0<x<100$ の範囲内にある。

（答）$x=5,\ 25$

3 (4) （答）$x=112$　2章🔗1

4 (5)
$$y=2x^2-12x+a$$
$$=2(x^2-6x)+a$$
$$=2(x^2-6x+9)+a-18$$
$$=2(x-3)^2+a-18$$

よって，$x=3$ のとき，y は最小値 $a-18$ をとる。

（答）$x=3$ のとき　2章🔗3
最小値 $a-18$

(6) （答）$a=7$

5 (7) △ABC の外接円の半径を R とすると，正弦定理より

$$\dfrac{BC}{\sin A}=2R$$

よって

2章🔗

$$BC=2R\sin A$$
$$=2\cdot6\cdot\dfrac{2}{3}$$
$$=8$$

（答）$BC=8$

6 (8) （答）$\dfrac{1}{15}$

(9) A さんが勝つのは次の(i)，(ii)，(iii)のいずれかが起こる場合である。

　(i) A さんがグー，
　　B さんがチョキを出す。

　(ii) A さんがチョキ，
　　B さんがパーを出す。

2章🔗

　(iii) A さんがパー，
　　B さんがグーを出す。

(i)が起こる確率は

$$\dfrac{4}{9}\cdot\dfrac{1}{5}=\dfrac{4}{45}$$

(ii)が起こる確率は

$$\dfrac{1}{3}\cdot\dfrac{3}{10}=\dfrac{1}{10}$$

(iii)が起こる確率は

$$\dfrac{2}{9}\cdot\dfrac{1}{2}=\dfrac{1}{9}$$

(i)，(ii)，(iii)は互いに同時に起こらないから，求める確率は

$$\dfrac{4}{45}+\dfrac{1}{10}+\dfrac{1}{9}=\dfrac{3}{10}$$

（答）$\dfrac{3}{10}$

7 (10) | 263 | 463 | 643 |　2章🔗

◆◇準2級2次（数理技能検定）◇◆◇ **解説** ◇◆◇

(1) **三角形の相似条件のうちの，「2組の角がそれぞれ等しい」を使って証明する。**

> 📝memo🖊 **三角形の相似条件**
>
> 2つの三角形は，次のどれかが成り立つとき相似である。
>
> ① 3組の辺の比がすべて等しい。
>
> $a : a' = b : b' = c : c'$
>
>
>
> ② 2組の辺の比とその間の角がそれぞれ等しい。
>
> $a : a' = c : c'$，$\angle B = \angle B'$
>
>
>
> ③ 2組の角がそれぞれ等しい。
>
> $\angle B = \angle B'$，$\angle C = \angle C'$
>
>

(2) $\triangle ABC$ と $\triangle PBQ$ において，仮定より，

$$\angle BCA = \angle BQP = 90° \quad \cdots\cdots ①$$

共通の角より，

$$\angle ABC = \angle PBQ \quad \cdots\cdots ②$$

①，②より，2組の角がそれぞれ等しいから，

$$\triangle ABC \backsim \triangle PBQ \quad \cdots\cdots ③$$

③より，

$$AB : BC = PB : BQ \quad \cdots\cdots ④$$

これより，AB，PB の長さを求めればよい。AB の長さは，三平方の定理より，

$$AB^2$$
$$= BC^2 + CA^2$$
$$= 4^2 + 2^2 = 20$$

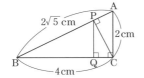

AB > 0 より，

$$AB = \sqrt{20} = 2\sqrt{5} \text{ (cm)} \quad \cdots\cdots ⑤$$

次に，$\triangle ABC \backsim \triangle ACP$ であることを利用して，PA，PB の長さを求めていく。

$\triangle ABC$ と $\triangle ACP$ において，(1)での条件が，$\angle BCA = \angle CPA = 90°$ のときだから，$\triangle ABC \backsim \triangle ACP$ より，

$$AB : CA = AC : PA$$
$$2\sqrt{5} : 2 = 2 : PA$$
$$2\sqrt{5}\,PA = 2 \times 2$$
$$PA = \frac{2}{\sqrt{5}} = \frac{2\sqrt{5}}{5} \text{ (cm)}$$

よって，

$$PB = AB - PA$$
$$= 2\sqrt{5} - \frac{2\sqrt{5}}{5} = \frac{8\sqrt{5}}{5} \text{ (cm)} \cdots\cdots ⑥$$

④，⑤，⑥より，

$$2\sqrt{5} : 4 = \frac{8\sqrt{5}}{5} : BQ$$

$$2\sqrt{5}\,BQ = 4 \times \frac{8\sqrt{5}}{5} \qquad BQ = \frac{16}{5} \text{ (cm)}$$

2 (3) **長方形の縦，横を x を使って表し，面積について方程式をつくる。**

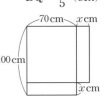

このとき，x のとる値の範囲に注意する。求めた解が条件にあてはまるかを検討する。

3 (4) $\sqrt{7} - \sqrt{x} = -\sqrt{63}$ より，

$$\sqrt{x} = \sqrt{7} + \sqrt{63} = \sqrt{7} + 3\sqrt{7} = 4\sqrt{7}$$
$$= \sqrt{112}$$

よって，$x = 112$

4 (5) **この関数のグラフは下に凸だから，頂点で最小値をとる。関数の式を $y = a(x-p)^2 + q$ の形にする。**

(6) $y = 2(x-3)^2 + a - 18$ のグラフの頂点の座標は，$(3, \ a-18)$

この2次関数のグラフは，図のようになり，軸が $x=3$ だから，$1 \leqq x \leqq 4$ における最大値は，$x=1$ のときである。

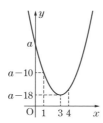

$x=1$ のとき，

$$y=2 \cdot 1^2-12 \cdot 1+a=a-10$$

これが -3 であるから，

$$a-10=-3 \qquad a=7$$

⑤ (7) 外接円の半径がわかっているから，正弦定理を使う。

⑥ (8) AさんとBさんが1回じゃんけんをして，

Aさんがチョキを出す確率は，$\dfrac{1}{3}$

Bさんがチョキを出す確率は，$\dfrac{1}{5}$

A，Bの試行は独立だから，求める確率は，

$$\dfrac{1}{3} \times \dfrac{1}{5}=\dfrac{1}{15}$$

(9) Aさんが，(i)グーで勝つ，(ii)チョキで勝つ，(iii)パーで勝つの場合に分けて考える。

⑦ (10) 3桁の数の最小は234で，各位の数の和は9になり，最大は654で，各位の数の和は15になる。

各位の数の和9〜15のうち，素数は11と13。

したがって，3つの数の選び方は次の4通りにしぼられる。

なお，これらの3桁の数は，各位の数の和が11，13だから，3の倍数ではないことがわかる。

(i) 2，3，6（各位の数の和＝11）

この3数によってできる6個の3桁の数のうち，2の倍数を除くと，263，

623が残る。623は7の倍数で，263は素数であるから，$p=263$

(ii) 2，4，5（各位の数の和＝11）

この3数によってできる数はすべて2の倍数または5の倍数だから，該当する p はない。

(iii) 2，5，6（各位の数の和＝13）

(ii)と同様に，該当する p はない。

(iv) 3，4，6（各位の数の和＝13）

2の倍数を除くと，残る463，643は素数だから，$p=463$，643

(i)〜(iv)より，求める p は，263，463，643 の3つ。

> **memo　倍数の見分け方**
> 2の倍数…一の位が0，2，4，6，8
> 3の倍数…各位の数の和が3の倍数
> 4の倍数…下2桁が4の倍数または00
> 5の倍数…一の位が0または5
> 6の倍数…2の倍数かつ3の倍数
> 8の倍数…下3桁が8の倍数または000
> 9の倍数…各位の数の和が9の倍数

[別解]　3桁の素数の一の位になるのは，2，3，4，5，6のうち，3のみである。さらに，各位の数の和について考えると，各位の数の和が3の倍数ではない11または13になる4通りのうち，

(i) 2，3，6

(ii) 3，4，6

にしぼられる。

(i)における263と623，(ii)における463と643の4数のうち，7の倍数である623を除く。

よって，$p=263$，463，643

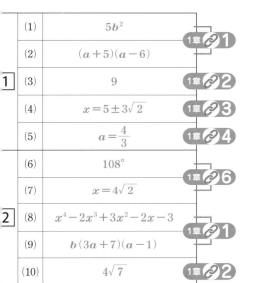

1	(1)	$5b^2$
	(2)	$(a+5)(a-6)$
	(3)	9
	(4)	$x=5\pm3\sqrt{2}$
	(5)	$a=\dfrac{4}{3}$
	(6)	$108°$
	(7)	$x=4\sqrt{2}$
2	(8)	$x^4-2x^3+3x^2-2x-3$
	(9)	$b(3a+7)(a-1)$
	(10)	$4\sqrt{7}$
3	(11)	$\left(-\dfrac{3}{2},\ -\dfrac{9}{4}\right)$
	(12)	$x<-\dfrac{3}{2}$
	(13)	$61°$
	(14) ①	$-\dfrac{\sqrt{35}}{6}$
	(14) ②	$-\dfrac{1}{\sqrt{35}}$
	(15) ①	720
	(15) ②	120

◆◇◆◇準2級1次（計算技能検定）◇◆◇　**解説**　◇◆◇

1 (1)　**乗法公式**を利用する。

$(a+b)(a-3b)-(a+2b)(a-4b)$
$=a^2+(b-3b)a+b\cdot(-3b)$
$\qquad-\{a^2+(2b-4b)a+2b\cdot(-4b)\}$
$=a^2-2ab-3b^2-a^2+2ab+8b^2=5b^2$

> 📝memo✏️　**乗法公式**
> $(a+b)^2=a^2+2ab+b^2$
> $(a-b)^2=a^2-2ab+b^2$
> $(a+b)(a-b)=a^2-b^2$
> $(x+a)(x+b)=x^2+(a+b)x+ab$

(2)　式の形の特徴に着目して，**因数分解の公式**を利用する。

$a+1=A$ とおくと，
$\quad(a+1)^2-3(a+1)-28$
$=A^2-3A-28$
$=(A+4)(A-7)$
$=(a+1+4)(a+1-7)=(a+5)(a-6)$

> 📝memo✏️　**因数分解の公式**
> $a^2+2ab+b^2=(a+b)^2$
> $a^2-2ab+b^2=(a-b)^2$
> $a^2-b^2=(a+b)(a-b)$
> $x^2+(a+b)x+ab=(x+a)(x+b)$

［別解］　展開して**同類項**をまとめ，**因数分解の公式**を利用する。

$\quad(a+1)^2-3(a+1)-28$
$=a^2+2a+1-3a-3-28$
$=a^2-a-30$
$=a^2+(5-6)a+5\cdot(-6)$
$=(a+5)(a-6)$

(3)　展開して根号の中が同じ数をまとめる。

$\sqrt{2}\,(\sqrt{8}-2\sqrt{3}\,)+(\sqrt{3}+\sqrt{2}\,)^2$
$=\sqrt{2}\times\sqrt{8}-\sqrt{2}\times2\sqrt{3}$
$\qquad+(\sqrt{3}\,)^2+2\times\sqrt{3}\times\sqrt{2}+(\sqrt{2}\,)^2$
$=4-2\sqrt{6}+3+2\sqrt{6}+2=9$

(4) 2次方程式の解の公式より，

$$x = \frac{-(-10) \pm \sqrt{(-10)^2 - 4 \times 1 \times 7}}{2 \times 1}$$

$$= \frac{10 \pm \sqrt{100 - 28}}{2} = \frac{10 \pm \sqrt{72}}{2}$$

$$= \frac{10 \pm \sqrt{6^2 \times 2}}{2} = \frac{10 \pm 6\sqrt{2}}{2}$$

$$= 5 \pm 3\sqrt{2}$$

📝memo✏ **2次方程式の解の公式**

2次方程式 $ax^2 + bx + c = 0$ の解は，

$$x = \frac{-b \pm \sqrt{b^2 - 4ac}}{2a}$$

🗯miss※**ミス注意!!** 根号の中はできるだけ小さく

$\frac{10 \pm \sqrt{72}}{2}$ を答えとしないこと。

[別解] **x の係数が偶数のときの2次方程式の解の公式より，**

$$x = \frac{-(-5) \pm \sqrt{(-5)^2 - 1 \times 7}}{1}$$

$$= 5 \pm \sqrt{25 - 7}$$

$$= 5 \pm \sqrt{18}$$

$$= 5 \pm \sqrt{3^2 \times 2}$$

$$= 5 \pm 3\sqrt{2}$$

📝memo✏ **x の係数が偶数のときの2次方程式の解の公式**

2次方程式 $ax^2 + 2b'x + c = 0$ の解は，

$$x = \frac{-b' \pm \sqrt{b'^2 - ac}}{a}$$

[別解]　平方根の考えを利用すると，

$$x^2 - 10x + 7 = 0, \quad x^2 - 10x = -7$$

$$x^2 - 10x + 25 = -7 + 25$$

$$(x-5)^2 = 18$$

$$x - 5 = \pm\sqrt{18}$$

$$x = 5 \pm 3\sqrt{2}$$

(5) $y = ax^2$ に $x = -3$, $y = 12$ を代入すると，

$$12 = a \times (-3)^2$$

$$9a = 12$$

$$a = \frac{12}{9} = \frac{4}{3}$$

2 (6) **円周角の定理**を利用する。

△AOC は二等辺三角形だから，

$$\angle ACO = \angle CAO = 18°$$

$$\angle AOC = 180° - 2 \times 18° = 144°$$

点 B を含まない弧 AC に対する中心角は，

$$360° - 144° = 216°$$

円周角の定理より，

$$\angle x = \frac{1}{2} \times 216° = 108°$$

(7) **三平方の定理より，**

$$2^2 + x^2 = 6^2$$

$$x^2 = 6^2 - 2^2 = 36 - 4 = 32$$

$x > 0$ だから，

$$x = \sqrt{32} = \sqrt{4^2 \times 2} = 4\sqrt{2} \ (cm)$$

📝memo✏ **三平方の定理**

右の図の直角三角形で，

$$a^2 + b^2 = c^2$$

が成り立つ。

(8) $(x^2 - x)$ をひとまとまりと見て，**乗法公式**を利用する。

$$(x^2 - x + 3)(x^2 - x - 1)$$

$$= \{(x^2 - x) + 3\}\{(x^2 - x) - 1\}$$

$$= (x^2 - x)^2 + (3 - 1)(x^2 - x) + 3 \cdot (-1)$$

$$= (x^2 - x)^2 + 2(x^2 - x) - 3$$

$$= (x^2)^2 - 2 \cdot x^2 \cdot x + x^2 + 2x^2 - 2x - 3$$

$$= x^4 - 2x^3 + 3x^2 - 2x - 3$$

[別解] **展開して同類項をまとめる。**

$$(x^2-x+3)(x^2-x-1)$$
$$=(x^2-x+3)x^2-(x^2-x+3)x$$
$$\qquad\qquad\qquad -(x^2-x+3)$$
$$=x^4-x^3+3x^2-x^3+x^2-3x-x^2+x-3$$
$$=x^4-2x^3+3x^2-2x-3$$

(9) まず，**共通因数**をくくり出し，**因数分解の公式**を利用する。

$$acx^2+(ad+bc)x+bd$$
$$=(ax+b)(cx+d)$$
$$3a^2b+4ab-7b$$
$$=b(3a^2+4a-7)$$
$$=b[3\cdot1\cdot a^2+\{3\cdot(-1)+7\cdot1\}a+7\cdot(-1)]$$
$$=b(3a+7)(a-1)$$

> **ミス注意‼ 途中で答えとしない**
>
> かっこでくくられているからといって，$b(3a^2+4a-7)$を答えとしてはいけない。$3a^2+4a-7$はまだ因数分解できる。

(10)
$$\frac{1}{2\sqrt{7}+3\sqrt{3}}+\frac{1}{2\sqrt{7}-3\sqrt{3}}$$
$$=\frac{(2\sqrt{7}-3\sqrt{3})+(2\sqrt{7}+3\sqrt{3})}{(2\sqrt{7}+3\sqrt{3})(2\sqrt{7}-3\sqrt{3})}$$
$$=\frac{4\sqrt{7}}{(2\sqrt{7})^2-(3\sqrt{3})^2}$$
$$=\frac{4\sqrt{7}}{28-27}$$
$$=4\sqrt{7}$$

[別解] $\dfrac{1}{\sqrt{a}+\sqrt{b}}$，$\dfrac{1}{\sqrt{a}-\sqrt{b}}$のように，分母が根号を含む式で表されるとき，$(A+B)(A-B)=A^2-B^2$を利用して**分母を有理化**する。

$$\frac{1}{2\sqrt{7}+3\sqrt{3}}+\frac{1}{2\sqrt{7}-3\sqrt{3}}$$
$$=\frac{2\sqrt{7}-3\sqrt{3}}{(2\sqrt{7}+3\sqrt{3})(2\sqrt{7}-3\sqrt{3})}$$
$$\quad+\frac{2\sqrt{7}+3\sqrt{3}}{(2\sqrt{7}-3\sqrt{3})(2\sqrt{7}+3\sqrt{3})}$$

$$=\frac{2\sqrt{7}-3\sqrt{3}}{(2\sqrt{7})^2-(3\sqrt{3})^2}+\frac{2\sqrt{7}+3\sqrt{3}}{(2\sqrt{7})^2-(3\sqrt{3})^2}$$
$$=2\sqrt{7}-3\sqrt{3}+2\sqrt{7}+3\sqrt{3}=4\sqrt{7}$$

> **≡memo✐ 分母の有理化**
>
> $$\frac{1}{\sqrt{a}+\sqrt{b}}$$
> $$=\frac{\sqrt{a}-\sqrt{b}}{(\sqrt{a}+\sqrt{b})(\sqrt{a}-\sqrt{b})}$$
> $$=\frac{\sqrt{a}-\sqrt{b}}{(\sqrt{a})^2-(\sqrt{b})^2}=\frac{\sqrt{a}-\sqrt{b}}{a-b}$$
> $$\frac{1}{\sqrt{a}-\sqrt{b}}$$
> $$=\frac{\sqrt{a}+\sqrt{b}}{(\sqrt{a}-\sqrt{b})(\sqrt{a}+\sqrt{b})}$$
> $$=\frac{\sqrt{a}+\sqrt{b}}{(\sqrt{a})^2-(\sqrt{b})^2}=\frac{\sqrt{a}+\sqrt{b}}{a-b}$$

3 (11) $y=a(x-p)^2+q$ の形にする。

$$y=x^2+3x$$
$$=x^2+3x+\frac{9}{4}-\frac{9}{4}=\left(x+\frac{3}{2}\right)^2-\frac{9}{4}$$

よって，頂点の座標は，$\left(-\dfrac{3}{2},\ -\dfrac{9}{4}\right)$

> **※ミス注意‼ 符号をとり違えないように**
>
> 2次関数 $y=a(x-p)^2+q$ のグラフの頂点の座標は，$(p,\ q)$である。

(12) 係数に小数を含む方程式や不等式では，小数を含まない形に直してから解く。

$$0.6x+1.4>x+2$$

両辺に 10 をかけると，

$$6x+14>10x+20$$

14 と $10x$ を移項すると，

$$6x-10x>20-14$$
$$-4x>6$$
$$x<-\frac{6}{4}=-\frac{3}{2}$$

memo✐ **不等式の性質**

① $a<b$ ならば，$a+c<b+c$，
　$a<b$ ならば，$a-c<b-c$
② $a<b$，$c>0$ ならば，
$$ac<bc,\quad \frac{a}{c}<\frac{b}{c}$$
③ $a<b$，$c<0$ ならば，
$$ac>bc,\quad \frac{a}{c}>\frac{b}{c}$$

(13) PT は円 O の接線だから，
$$\angle ATP=\angle ABT=44°$$
△BPT において，
$$44°+31°+\angle BTP=180°$$
$$\angle BTP=105°$$
よって，
$$\angle x=\angle BTP-\angle ATP$$
$$=105°-44°=61°$$

memo✐ **接線と弦のつくる角**

円の接線とその接点を
通る弦のつくる角は，
その角の内部にある弧
に対する円周角に等し
い。

(14) **三角比の相互関係を利用する。**

$\sin^2\theta+\cos^2\theta=1$ だから，

① $\cos^2\theta=1-\sin^2\theta$
$$=1-\left(\frac{1}{6}\right)^2=\frac{35}{36}$$

$90°<\theta<180°$ より，$\cos\theta<0$ だから，
$$\cos\theta=-\sqrt{\frac{35}{36}}=-\frac{\sqrt{35}}{6}$$

② $\tan\theta=\dfrac{\sin\theta}{\cos\theta}$ だから，
$$\tan\theta=\frac{\dfrac{1}{6}}{-\dfrac{\sqrt{35}}{6}}=-\frac{1}{\sqrt{35}}$$

miss※ミス注意!! **cosθ, tanθ の正負**

$90°<\theta<180°$ より，
$\cos\theta$ と $\tan\theta$ は
ともに負となる。
$$\cos\theta=-\frac{\sqrt{35}}{6}$$
$$\tan\theta=-\frac{1}{\sqrt{35}}$$

(15)① $_6P_5=6\cdot5\cdot4\cdot3\cdot2=720$

② $_{10}C_7=\dfrac{10!}{7!3!}=\dfrac{10\cdot9\cdot8}{3\cdot2\cdot1}=120$

memo✐ **順列と組合せの総数**

$$_nP_r=\frac{n!}{(n-r)!}$$
$$_nC_r=\frac{n!}{r!(n-r)!}\qquad _nC_r={_nC_{n-r}}$$

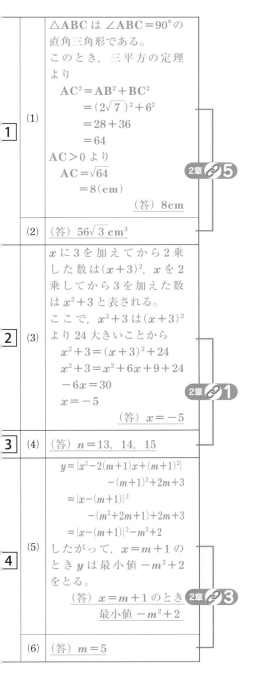

1

(1)

△ABC は ∠ABC＝90°の直角三角形である。
このとき，三平方の定理より

$$AC^2=AB^2+BC^2$$
$$=(2\sqrt{7})^2+6^2$$
$$=28+36$$
$$=64$$

AC＞0 より

$$AC=\sqrt{64}$$
$$=8\text{(cm)}$$

（答）8cm

(2) （答）$56\sqrt{3}\ \text{cm}^3$

2章 5

2

(3)

x に 3 を加えてから 2 乗した数は $(x+3)^2$，x を 2 乗してから 3 を加えた数は x^2+3 と表される。
ここで，x^2+3 は $(x+3)^2$ より 24 大きいことから

$$x^2+3=(x+3)^2+24$$
$$x^2+3=x^2+6x+9+24$$
$$-6x=30$$
$$x=-5$$

（答）$x=-5$

3

(4) （答）$n=13,\ 14,\ 15$

2章 1

4

(5)

$$y=\{x^2-2(m+1)x+(m+1)^2\}-(m+1)^2+2m+3$$
$$=\{x-(m+1)\}^2-(m^2+2m+1)+2m+3$$
$$=\{x-(m+1)\}^2-m^2+2$$

したがって，$x=m+1$ のとき y は最小値 $-m^2+2$ をとる。

（答）$x=m+1$ のとき最小値 $-m^2+2$

(6) （答）$m=5$

2章 3

5

(7)

△ABC において，余弦定理より

$$\cos B=\frac{AB^2+BC^2-CA^2}{2\cdot AB\cdot BC}$$
$$=\frac{3^2+7^2-(\sqrt{30})^2}{2\cdot 3\cdot 7}$$
$$=\frac{9+49-30}{42}$$
$$=\frac{28}{42}=\frac{2}{3}$$

（答）$\frac{2}{3}$

2章 4

6

(8) （答）220 通り

(9)

「選んだ 3 個の整数の積が偶数となる」事象は，「選んだ 3 個の整数の積が奇数となる」事象 A の余事象 $\overline{A}$ である。
1，2，3，4，5，6，7，8，9，10，11，12 の 計 12 個の整数から 3 個を選ぶ場合の数は，(8)の結果より 220 通りである。
選んだ 3 個の整数の積が奇数となるのは，1，3，5，7，9，11 の計 6 個の整数から 3 個を選ぶ場合で，${}_6C_3$ 通りである。
以上より，事象 A が起こる確率 $P(A)$ は

$$P(A)=\frac{{}_6C_3}{220}$$
$$=\frac{6\cdot 5\cdot 4}{3\cdot 2\cdot 1}\cdot\frac{1}{220}$$
$$=\frac{20}{220}=\frac{1}{11}$$

よって，求める確率 $P(\overline{A})$ は

$$P(\overline{A})=1-P(A)$$
$$=1-\frac{1}{11}=\frac{10}{11}$$

（答）$\frac{10}{11}$

2章 7

7

(10) ①　49　　②　2521

2章 8

◇◆◇準2級2次（数理技能検定）◇◆◇ **解説** ◇◆◇

1 (1) **直角三角形 ABC において，三平方の定理を利用する。**

(2)

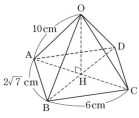

長方形 ABCD の対角線 AC と BD の交点を H とすると，OA＝OB＝OC＝OD だから，∠AHO＝90°

三平方の定理より，

$$OA^2＝AH^2＋OH^2$$
$$10^2＝4^2＋OH^2$$
$$OH^2＝100－16＝84$$

OH＞0 より，

$$OH＝\sqrt{84}＝\sqrt{2^2×21}＝2\sqrt{21}\,(cm)$$

四角錐 O-ABCD の体積は，

$$\frac{1}{3}×AB×BC×OH$$
$$＝\frac{1}{3}×2\sqrt{7}×6×2\sqrt{21}$$
$$＝8\sqrt{7}×\sqrt{21}$$
$$＝56\sqrt{3}\,(cm^3)$$

> 📝memo✎ **錐体の体積**
>
> （錐体の体積）＝$\frac{1}{3}$×（底面積）×（高さ）

2 (3) x に 3 を加えてから 2 乗した数と，x を 2 乗してから 3 を加えた数をそれぞれ x で表し，方程式をつくる。

3 (4) **根号を含む数だから，それぞれ 2 乗した数にする。**

$3.6＜\sqrt{n}＜\dfrac{35}{9}$ であるとき，

$$3.6^2＜(\sqrt{n})^2＜\left(\frac{35}{9}\right)^2$$

も成り立つ。

$3.6^2＝12.96$,

$\left(\dfrac{35}{9}\right)^2＝15.1\cdots$

より，$12.96＜n＜15.1\cdots$

よって，求める n の値は，13，14，15 である。

4 (5) $y＝a(x-p)^2+q$ **の形にする。**

この 2 次関数のグラフは下に凸だから，頂点で最小値をとる。

> 📝memo✎ **2次関数のグラフの頂点**
>
> 2 次関数 $y＝a(x-p)^2+q$ のグラフの頂点の座標は，
> $(p,\ q)$
> である。
>
>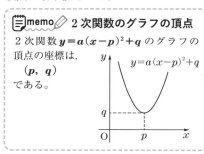

(6) このグラフが点(3，－14)を通るから，$y＝x^2-2(m+1)x+2m+3$ に，$x＝3$，$y＝-14$ を代入すると，

$$-14＝3^2-2(m+1)×3+2m+3$$
$$＝9-6m-6+2m+3$$
$$4m＝20$$
$$m＝5$$

5 (7) △ABC の 3 辺がわかっているから，**余弦定理**を **cos B** について変形した式を利用する。

$$\cos B = \frac{c^2 + a^2 - b^2}{2ca}$$

> 📝memo✐ **余弦定理**
>
> △ABC の 1 つの角と 3 辺の長さとの間に次の定理が成り立つ。
>
> $$a^2 = b^2 + c^2 - 2bc\cos A$$
> $$b^2 = c^2 + a^2 - 2ca\cos B$$
> $$c^2 = a^2 + b^2 - 2ab\cos C$$
>
>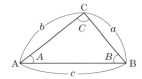
>
> **余弦定理の変形式**
>
> $$\cos A = \frac{b^2 + c^2 - a^2}{2bc}$$
>
> $$\cos B = \frac{c^2 + a^2 - b^2}{2ca}$$
>
> $$\cos C = \frac{a^2 + b^2 - c^2}{2ab}$$
>
> 上式を用いて，三角形の 3 辺の長さから，3 つの角の大きさを求めることができる。

6 (8) 12 個から 3 個を選ぶ組合せだから，求める選び方は，

$$
\begin{aligned}
{}_{12}C_3 &= \frac{12!}{3!(12-3)!} \\
&= \frac{12!}{3!9!} \\
&= \frac{12 \cdot 11 \cdot 10}{3 \cdot 2 \cdot 1} \\
&= 220 \,(\text{通り})
\end{aligned}
$$

> 📝memo✐ $_nC_r$ の性質
>
> $$_nC_r = {}_nC_{n-r}$$
>
> 例 12 個から 9 個を選ぶことは，選ばない 3 個を決めることと同じである。
>
> $$
> \begin{aligned}
> {}_{12}C_9 &= \frac{12!}{9!3!} \\
> &= \frac{12 \cdot 11 \cdot 10}{3 \cdot 2 \cdot 1} \\
> &= 220 \,(\text{通り})
> \end{aligned}
> $$
>
> このように，$_{12}C_9$ を求める場合は，$_nC_r = {}_nC_{n-r}$ を使って，$_{12}C_3$ を計算すればよい。

(9) 3 個の整数の積は，

(i) 偶数×偶数×偶数

(ii) 偶数×偶数×奇数

(iii) 偶数×奇数×奇数

(iv) 奇数×奇数×奇数

の 4 つの場合がある。このうち，3 個の整数の積が偶数になるのは，(i)～(iii)の場合である。

(i)～(iii)の「**少なくとも 1 個が偶数**」という事象は，「偶数が 1 個もない」，つまり，(iv)の「3 個とも奇数」という事象の**余事象**である。

したがって，(i)～(iv)の場合のうち，まず，(iv)の場合の「6 個の奇数から 3 個を選ぶ」ことから考える。

> 📝memo✐ **余事象と確率**
>
> 事象 A に対して，「A が起こらない」という事象を，A の余事象といい，$\overline{A}$ で表す。
>
> $$P(A) + P(\overline{A}) = 1$$
> $$P(\overline{A}) = 1 - P(A)$$

memo 余事象の確率を利用しない解き方

12個の整数のうち，偶数は2，4，6，8，10，12の計6個，奇数は，1，3，5，7，9，11の計6個。

(i) 3個の偶数の選び方は $_6C_3$ 通りあるから，この場合の確率は，

$$\frac{_6C_3}{220}=\frac{6\cdot5\cdot4}{3\cdot2\cdot1}\cdot\frac{1}{220}=\frac{20}{220}$$

(ii) 2個の偶数と1個の奇数の選び方は $_6C_2\times_6C_1$ 通りあるから，この場合の確率は，

$$\frac{_6C_2\times_6C_1}{220}=\frac{6\cdot5}{2\cdot1}\cdot6\cdot\frac{1}{220}=\frac{90}{220}$$

(iii) 1個の偶数と2個の奇数の選び方は $_6C_1\times_6C_2$ 通りあるから，この場合の確率は，

$$\frac{_6C_1\times_6C_2}{220}=\frac{90}{220}$$

(i)～(iii)より，求める確率は，

$$\frac{20}{220}+\frac{90}{220}+\frac{90}{220}$$
$$=\frac{200}{220}=\frac{10}{11}$$

7 (10)① 2で割っても3で割っても余りが1である整数を n とすると，2と3の最小公倍数が6だから，n を6で割っても余りは1である。

n は，整数 k を用いて，

$$n=6k+1$$

と表される。n は50以下の整数だから，$k=8$ のとき，

$n=6\times8+1=49$ となり，求める最大の整数は49である。

memo 整数の割り算

整数 a と正の整数 b について，a を b で割ったときの商を q，余りを r とすると，

$$a=bq+r \quad (0\leqq r<b)$$

例 商を k とすると，5で割ると3余る整数は，$5k+3$ と表せる。

② 2から10までの数を素因数分解すると，

$$\begin{array}{l}2\\3\\4=2\times2\\5\\6=2\qquad\times3\\\underline{7}\\8=\underline{2\times2\times2}\\9=\qquad\underline{3\times3}\\10=2\qquad\qquad\times\underline{5}\end{array}$$

これより，2，3，4，5，6，7，8，9，10の最小公倍数は，

$$2^3\times3^2\times5\times7=2520$$

2，3，4，5，6，7，8，9，10のどれで割っても余りが1である整数は，2520で割っても余りが1である。

よって，求める最小の整数は，

$$2520\times1+1=2521$$

memo

次のように，どれか2つ以上の数に共通な素因数があれば，それで割り，割りきれない数はそのまま下に書く。

$$\begin{array}{r}2\,)\underline{2\ \ 3\ \ 4\ \ 5\ \ 6\ \ 7\ \ 8\ \ 9\ \ 10}\\2\,)\underline{1\ \ 3\ \ 2\ \ 5\ \ 3\ \ 7\ \ 4\ \ 9\ \ 5}\\3\,)\underline{1\ \ 3\ \ 1\ \ 5\ \ 3\ \ 7\ \ 2\ \ 9\ \ 5}\\5\,)\underline{1\ \ 1\ \ 1\ \ 5\ \ 1\ \ 7\ \ 2\ \ 3\ \ 5}\\1\ \ 1\ \ 1\ \ 1\ \ 1\ \ 7\ \ 2\ \ 3\ \ 1\end{array}$$

割った素因数と最後に残った商の積を求めて，

$$2\times2\times3\times5\times7\times2\times3=2520$$

	(1)	$-5a^2-2b^2$	1章🔗1
1	(2)	$(a+4b)^2$	
	(3)	$15-7\sqrt{2}$	1章🔗2
	(4)	$x=1\pm\sqrt{6}$	1章🔗3
	(5)	$y=-2x^2$	1章🔗4
	(6)	$x=\dfrac{31}{3}$	1章🔗6
2	(7)	$20\sqrt{5}\ \mathrm{cm}$	
	(8)	a^4+4a^3-8a+4	1章🔗1
	(9)	$(3a+1)(3a-1)(9a^2+1)$	
	(10)	3	1章🔗2

	(11)	$A\cap B=\{2,\ 3,\ 5,\ 13\}$	1章🔗2
3	(12)	$-1<x<6$	1章🔗4
	(13)	$x=\dfrac{3}{2}$	1章🔗6
	(14)	① $\dfrac{\sqrt{11}}{6}$ ② $\dfrac{\sqrt{11}}{5}$	1章🔗5
	(15)	① 12 ② 70	1章🔗7

◆◇準2級1次（計算技能検定）◇◆◇　解説　◇◆◇

1(1)　**展開して同類項をまとめる。**

$$(3a-b)(2b-a)-a(2a+7b)$$
$$=3a(2b-a)-b(2b-a)-a(2a+7b)$$
$$=6ab-3a^2-2b^2+ab-2a^2-7ab$$
$$=-5a^2-2b^2$$

📝memo✏ $(a+b)(c+d)$の計算

$(a+b)(c+d)$ 〉 $c+d$をMとおく
$=(a+b)M$ 〉 分配法則
$=aM+bM$ 〉 Mを$c+d$に戻す
$=a(c+d)+b(c+d)$ 〉 分配法則
$=ac+ad+bc+bd$

(2)　**因数分解の公式を利用する。**

$$a^2+8ab+16b^2$$
$$=a^2+2\cdot a\cdot 4b+(4b)^2$$
$$=(a+4b)^2$$

📝memo✏ 因数分解の公式

$a^2+2ab+b^2=(a+b)^2$
$a^2-2ab+b^2=(a-b)^2$
$a^2-b^2=(a+b)(a-b)$
$x^2+(a+b)x+ab=(x+a)(x+b)$

(3)　**根号の中の数はできるだけ小さくして、根号の中が同じ数をまとめる。**

$$\sqrt{64}-\sqrt{32}+\sqrt{16}-\sqrt{8}+\sqrt{4}-\sqrt{2}+\sqrt{1}$$
$$=\sqrt{8^2}-\sqrt{4^2\times2}+\sqrt{4^2}-\sqrt{2^2\times2}+\sqrt{2^2}$$
$$\qquad\qquad\qquad\qquad-\sqrt{2}+\sqrt{1}$$
$$=8-4\sqrt{2}+4-2\sqrt{2}+2-\sqrt{2}+1$$
$$=15-7\sqrt{2}$$

(4)　**2次方程式の解の公式より、**

$$x=\frac{-(-2)\pm\sqrt{(-2)^2-4\times1\times(-5)}}{2\times1}$$
$$=\frac{2\pm\sqrt{24}}{2}=\frac{2\pm\sqrt{2^2\times6}}{2}$$
$$=\frac{2\pm2\sqrt{6}}{2}=1\pm\sqrt{6}$$

📝memo✍️ **2次方程式の解の公式**

2次方程式 $ax^2+bx+c=0$ の解は,

$$x=\frac{-b\pm\sqrt{b^2-4ac}}{2a}$$

🆘※**ミス注意!!** 約分を忘れてはいけない

$x=\dfrac{2\pm2\sqrt{6}}{2}$ を答えとしないこと。

[別解] **x の係数が偶数のときの2次方程式の解の公式**より,

$$x=\frac{-(-1)\pm\sqrt{(-1)^2-1\times(-5)}}{1}$$
$$=1\pm\sqrt{6}$$

📝memo✍️ **x の係数が偶数のときの2次方程式の解の公式**

2次方程式 $ax^2+2b'x+c=0$ の解は,

$$x=\frac{-b'\pm\sqrt{b'^2-ac}}{a}$$

[別解] **平方根の考え**を利用すると,

$$x^2-2x-5=0$$
$$x^2-2x=5$$
$$x^2-2x+1=5+1$$
$$(x-1)^2=6$$
$$x-1=\pm\sqrt{6},\quad x=1\pm\sqrt{6}$$

(5) **y は x^2 に比例するから,$y=ax^2$ と**おく。

これに $x=3$,$y=-18$ を代入すると,

$$-18=a\times3^2$$
$$a=-2$$

よって,$y=-2x^2$

2 (6) **平行線と線分の比の性質**を利用する。

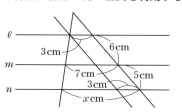

平行線と線分の比の性質より,

$$6:(6+5)=(7-3):(x-3)$$
$$6:11=4:(x-3)$$
$$6(x-3)=11\times4$$
$$6x-18=44$$
$$6x=62$$
$$x=\frac{31}{3}(\text{cm})$$

📝memo✍️ **平行線と線分の比**

$DE/\!/BC$ のとき,

・$AD:AB=AE:AC$

・$AD:DB=AE:EC$

・$AD:AB=DE:BC$

(7) 長方形の対角線の長さを $x\,\text{cm}$ とすると,**三平方の定理**より,

$$x^2=40^2+20^2$$
$$=1600+400=2000$$

$x>0$ だから,

$$x=\sqrt{2000}=\sqrt{20^2\times5}=20\sqrt{5}\,(\text{cm})$$

📝memo✍️ **三平方の定理**

右の図の直角三角形で,

$$a^2+b^2=c^2$$

が成り立つ。

(8) **乗法公式**を利用する。

$$(a+b+c)^2$$
$$=a^2+b^2+c^2+2ab+2bc+2ca$$

上の式で,$a=a^2$,$b=2a$,$c=-2$ とすると,

$$(a^2+2a-2)^2$$
$$=(a^2)^2+(2a)^2+(-2)^2$$
$$\quad+2\cdot a^2\cdot2a+2\cdot2a\cdot(-2)+2\cdot(-2)\cdot a^2$$
$$=a^4+4a^2+4+4a^3-8a-4a^2$$
$$=a^4+4a^3-8a+4$$

公式を忘れたときは,次のように導くこ

ともできる。

$(a+b+c)(a+b+c)$

$=a(a+b+c)+b(a+b+c)+c(a+b+c)$

$=a^2+ab+ca+ab+b^2+bc+ca+bc+c^2$

$=a^2+b^2+c^2+2ab+2bc+2ca$

[別解] 式の一部をひとつのまとまりと見て，**乗法公式**を利用する。

$(a^2+2a-2)^2$

$=\{a^2+2(a-1)\}^2$

$=(a^2)^2+2\cdot a^2\cdot 2(a-1)+\{2(a-1)\}^2$

$=a^4+4a^3-4a^2+2^2(a^2-2a+1)$

$=a^4+4a^3-4a^2+4a^2-8a+4$

$=a^4+4a^3-8a+4$

(9) **因数分解の公式**を利用する。

$a^2-b^2=(a+b)(a-b)$

$81a^4-1$

$=(9a^2)^2-1^2$

$=(9a^2+1)(9a^2-1)$

$=(9a^2+1)\{(3a)^2-1^2\}$

$=(3a+1)(3a-1)(9a^2+1)$

> **mis. ※ミス注意‼ 途中で答えとしない**
>
> かっこでくくられているからといって，$(9a^2+1)(9a^2-1)$ を答えとしてはいけない。$9a^2-1$ はまだ因数分解できる。

(10) $\dfrac{1}{\sqrt{a}+b}$ のように，分母が根号を含む式で表されるとき，

$(A+B)(A-B)=A^2-B^2$ を利用して**分母を有理化する**。

$\dfrac{2}{\sqrt{7}+3}+\sqrt{7}$

$=\dfrac{2(\sqrt{7}-3)}{(\sqrt{7}+3)(\sqrt{7}-3)}+\sqrt{7}$

$=\dfrac{2\sqrt{7}-6}{(\sqrt{7})^2-3^2}+\sqrt{7}$

$=\dfrac{2\sqrt{7}-6}{-2}+\sqrt{7}$

$=-\sqrt{7}+3+\sqrt{7}=3$

> **memo✐ 分母の有理化**
>
> $\dfrac{1}{\sqrt{a}+b}=\dfrac{\sqrt{a}-b}{(\sqrt{a}+b)(\sqrt{a}-b)}$
>
> $=\dfrac{\sqrt{a}-b}{(\sqrt{a})^2-b^2}=\dfrac{\sqrt{a}-b}{a-b^2}$
>
> $\dfrac{1}{\sqrt{a}-b}=\dfrac{\sqrt{a}+b}{(\sqrt{a}-b)(\sqrt{a}+b)}$
>
> $=\dfrac{\sqrt{a}+b}{(\sqrt{a})^2-b^2}=\dfrac{\sqrt{a}+b}{a-b^2}$

3 (11) $A=\{1,\ 2,\ 3,\ 5,\ 8,\ 13\}$

$B=\{2,\ 3,\ 5,\ 7,\ 11,\ 13\}$

求める集合は，**集合 A と B の共通部分**だから，

$A\cap B=\{2,\ 3,\ 5,\ 13\}$

> **memo✐ 共通部分と和集合**
>
> 共通部分 $A\cap B$　　　　和集合 $A\cup B$
>
>

(12) $x^2-5x-6<0$

2次不等式 $x^2-5x-6<0$ の左辺を因数分解すると，

$(x+1)(x-6)<0$

$-1<6$ だから，

$-1<x<6$

> **memo✐ 2次不等式の解**
>
> 2次方程式
>
> $ax^2+bx+c=0$
>
> が2つの解 $\alpha,\ \beta$
>
> をもつとき，
>
> $a>0,\ \alpha<\beta$
>
>
>
> ならば，
>
> 2次不等式 $ax^2+bx+c>0$ の解は，
>
> $x<\alpha,\ \beta<x$
>
> 2次不等式 $ax^2+bx+c<0$ の解は，
>
> $\alpha<x<\beta$

(13) **方べきの定理**より，

$$2 \times 3 = 4x$$

$$x = \frac{6}{4} = \frac{3}{2}$$

📝memo✏️ **方べきの定理**

点 P を通る 2 直線が，円 O とそれぞれ 2 点 A，B と 2 点 C，D で交わるとき，

$$PA \cdot PB = PC \cdot PD$$

点 P が円内にある場合　　点 P が円外にある場合

(14) **三角比の相互関係**を利用する。

① $\sin^2\theta + \cos^2\theta = 1$ だから，

$$\sin^2\theta = 1 - \cos^2\theta$$

$$= 1 - \left(\frac{5}{6}\right)^2$$

$$= \frac{11}{36}$$

$0° < \theta < 180°$ より，$\sin\theta > 0$ だから，

$$\sin\theta = \sqrt{\frac{11}{36}} = \frac{\sqrt{11}}{6}$$

② $\tan\theta = \dfrac{\sin\theta}{\cos\theta}$ だから，

$$\tan\theta = \frac{\frac{\sqrt{11}}{6}}{\frac{5}{6}} = \frac{\sqrt{11}}{5}$$

💣**ミス注意!!** $\sin\theta, \cos\theta, \tan\theta$ **の正負**

$0° < \theta < 180°$ より，$\sin\theta$ は正となる。

$$\sin\theta = \frac{\sqrt{11}}{6}$$

$\cos\theta > 0$ だから，

$$0° < \theta < 90°$$

これより，

$$\tan\theta = \frac{\sqrt{11}}{5}$$

(15)① $_4P_2 = \dfrac{4!}{2!} = 4 \cdot 3 = 12$

② $_8C_4 = \dfrac{8!}{4!4!} = \dfrac{8 \cdot 7 \cdot 6 \cdot 5}{4 \cdot 3 \cdot 2 \cdot 1} = 70$

📝memo✏️ **順列と組合せの総数**

$$_nP_r = \frac{n!}{(n-r)!}$$

$$_nC_r = \frac{n!}{r!(n-r)!}$$

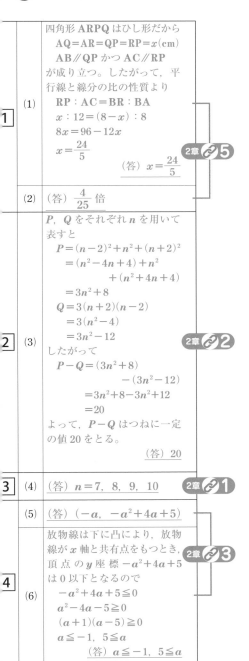

1 (1)

四角形 **ARPQ** はひし形だから
$$AQ=AR=QP=RP=x\,(cm)$$
$$AB\,/\!/\,QP \text{ かつ } AC\,/\!/\,RP$$
が成り立つ。したがって，平行線と線分の比の性質より
$$RP:AC=BR:BA$$
$$x:12=(8-x):8$$
$$8x=96-12x$$
$$x=\frac{24}{5}$$
（答）$x=\dfrac{24}{5}$

2章 5

(2) （答）$\dfrac{4}{25}$ 倍

2 (3)

P, Q をそれぞれ n を用いて表すと
$$P=(n-2)^2+n^2+(n+2)^2$$
$$=(n^2-4n+4)+n^2$$
$$\qquad\qquad +(n^2+4n+4)$$
$$=3n^2+8$$
$$Q=3(n+2)(n-2)$$
$$=3(n^2-4)$$
$$=3n^2-12$$
したがって
$$P-Q=(3n^2+8)$$
$$\qquad\quad -(3n^2-12)$$
$$=3n^2+8-3n^2+12$$
$$=20$$
よって，$P-Q$ はつねに一定の値 20 をとる。
（答）20

2章 2

3 (4) （答）$n=7,\ 8,\ 9,\ 10$

2章 1

4 (5) （答）$(-a,\ -a^2+4a+5)$

(6)

放物線は下に凸により，放物線が x 軸と共有点をもつとき，頂点の y 座標 $-a^2+4a+5$ は 0 以下となるので
$$-a^2+4a+5\leqq 0$$
$$a^2-4a-5\geqq 0$$
$$(a+1)(a-5)\geqq 0$$
$$a\leqq -1,\ 5\leqq a$$
（答）$a\leqq -1,\ 5\leqq a$

2章 3

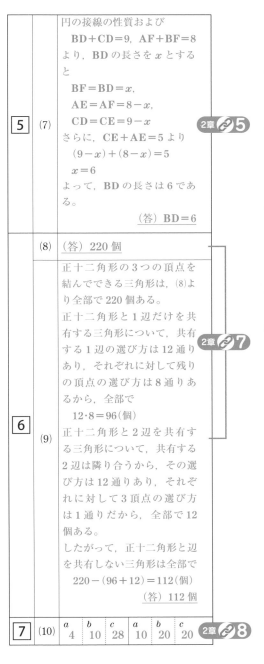

5 (7)

円の接線の性質および
$$BD+CD=9,\ AF+BF=8$$
より，**BD** の長さを x とすると
$$BF=BD=x,$$
$$AE=AF=8-x,$$
$$CD=CE=9-x$$
さらに，$CE+AE=5$ より
$$(9-x)+(8-x)=5$$
$$x=6$$
よって，**BD** の長さは 6 である。
（答）$BD=6$

2章 5

6 (8) （答）220 個

(9)

正十二角形の 3 つの頂点を結んでできる三角形は，(8)より全部で 220 個ある。
正十二角形と 1 辺だけを共有する三角形について，共有する 1 辺の選び方は 12 通りあり，それぞれに対して残りの頂点の選び方は 8 通りあるから，全部で
$$12\cdot 8=96\,(個)$$
正十二角形と 2 辺を共有する三角形について，共有する 2 辺は隣り合うから，その選び方は 12 通りあり，それぞれに対して 3 頂点の選び方は 1 通りだから，全部で 12 個ある。
したがって，正十二角形と辺を共有しない三角形は全部で
$$220-(96+12)=112\,(個)$$
（答）112 個

2章 7

7 (10)

a	b	c	a	b	c	a	b	c
4	10	28	10	20	20

2章 8

◇◆◇準2級2次(数理技能検定)◇◆◇ **解説** ◇◆◇

1 (1) **ひし形の性質，平行線と線分の比の性質を利用する。**

> 📝memo✐**平行線と線分の比**
>
> DE∥BC のとき，
> ・AD：AB＝AE：AC
> ・AD：DB＝AE：EC
> ・AD：AB＝DE：BC

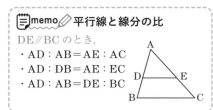

(2)

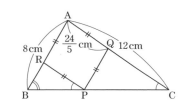

△RBP と △ABC において，(1)より，

∠BPR＝∠BCA …①

共通の角より，

∠RBP＝∠ABC …②

①，②より，2組の角がそれぞれ等しいから，

△RBP∽△ABC …③

③より，

RP：AC＝$\dfrac{24}{5}$：12＝24：60＝2：5

△RBP と △ABC の相似比は 2：5 だから，面積比は 2^2：5^2＝4：25

よって，△RBP＝$\dfrac{4}{25}$△ABC

> 📝memo✐**三角形の相似条件**
>
> 2つの三角形は，次のどれかが成り立つとき相似である。
>
> ① 3組の辺の比がすべて等しい。
>
> $a:a'=b:b'=c:c'$
>
>

② 2組の辺の比とその間の角がそれぞれ等しい。

$a:a'=c:c'$，∠B＝∠B'

③ 2組の角がそれぞれ等しい。

∠B＝∠B'，∠C＝∠C'

> 📝memo✐**相似な図形の面積比**
>
> 相似比が **$a:b$** である相似な図形の面積比は **$a^2:b^2$**

[別解] 同位角に注目して，**三角形の面積と正弦を利用する。**

四角形 ARPQ はひし形だから，

$$AR=AQ=\dfrac{24}{5}(cm)$$

$$RB=AB-AR=8-\dfrac{24}{5}=\dfrac{16}{5}(cm)$$

また，AC∥RP より，

∠BRP＝∠BAC＝θ とおくと，

三角形の面積より，

$$\triangle BPR=\dfrac{1}{2}BR\cdot RP\sin\theta$$

$$=\dfrac{1}{2}\cdot\dfrac{16}{5}\cdot\dfrac{24}{5}\sin\theta$$

$$=\dfrac{192}{25}\sin\theta$$

$$\triangle ABC=\dfrac{1}{2}BA\cdot AC\sin\theta$$

$$=\dfrac{1}{2}\cdot8\cdot12\sin\theta=48\sin\theta$$

よって，

$$\dfrac{\triangle BPR}{\triangle ABC}=\dfrac{\dfrac{192}{25}\sin\theta}{48\sin\theta}=\dfrac{192}{25\cdot48}$$

$$=\dfrac{4}{25}$$

memo✎ 三角形の面積

△ABC の頂点 C から底辺 AB に垂線 CH を引く。

CH$=h$ とすると，

$h=b\sin A$

よって，三角形の面積 S は，

$S=\dfrac{1}{2}ch=\dfrac{1}{2}bc\sin A$

(3)　P, Q をそれぞれ n を用いて表し，$P-Q$ を計算する。

memo✎ 〔関連〕整数の割り算

(割られる数)

$=$(割る数)$\times$(商)$+$(余り)

連続する 3 つの偶数(または奇数)を 2 乗した数の和 P は，それらを $n-2$, n, $n+2$ とおくと，

$P=(n-2)^2+n^2+(n+2)^2$
$\quad=3n^2+8$
$\quad=3(n^2+2)+2$

n^2+2 は整数だから，P を 3 で割ったときの余りは 2 である。

(4)　**根号を含む数だから，それぞれ 2 乗した数にする。**

$2.5<\sqrt{n}<3.2$ であるとき，

$2.5^2<(\sqrt{n})^2<3.2^2$

も成り立つ。

$2.5^2=\left(\dfrac{5}{2}\right)^2=\dfrac{25}{4}$,

$3.2^2=\left(\dfrac{16}{5}\right)^2=\dfrac{256}{25}$

より，$\dfrac{25}{4}<n<\dfrac{256}{25}$

$25\times25<100n<256\times4$

$6.25<n<10.24$

よって，求める n の値は，7, 8, 9, 10 である。

4 (5)　$y=a(x-p)^2+q$ の形にする。

$y=x^2+2ax+4a+5$
$\quad=x^2+2ax+a^2-a^2+4a+5$
$\quad=(x+a)^2-a^2+4a+5$

よって，頂点の座標は，

$(-a,\ -a^2+4a+5)$

memo✎ 2次関数のグラフの頂点

2 次関数 $y=a(x-p)^2+q$ のグラフの頂点の座標は，

$(p,\ q)$

である。

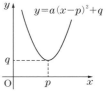

(6)　この放物線が x 軸と共有点をもつのは，(5)で求めた頂点の y 座標が 0 以下のときである。

$a>0$ のとき

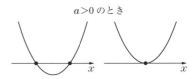

[別解]　**2次方程式の判別式**を利用する。

この放物線が x 軸と共有点をもつことは，2 次方程式 $x^2+2ax+4a+5=0$ が実数解をもつことである。2 次方程式の判別式を D とすると，実数解をもつ条件は，$D\geqq0$

$D=(2a)^2-4\cdot1\cdot(4a+5)$
$\quad=4a^2-16a-20$

より，$4a^2-16a-20\geqq0$

$4(a^2-4a-5)\geqq0$

$(a+1)(a-5)\geqq0$

$a\leqq-1,\ 5\leqq a$

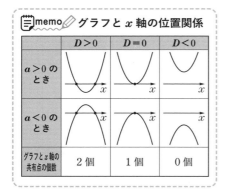

memo グラフと x 軸の位置関係

	$D > 0$	$D = 0$	$D < 0$
$a > 0$ の とき			
$a < 0$ の とき			
グラフと x 軸の 共有点の個数	2 個	1 個	0 個

⑤ (7) 円外の1点から円に引いた2本の接線
の長さが等しいことを利用する。

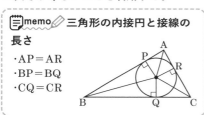

memo 三角形の内接円と接線の 長さ

・AP＝AR
・BP＝BQ
・CQ＝CR

⑥ (8) 正十二角形の12の頂点から3つを選
べば三角形が1個できるから，求める総
数は，

$$_{12}C_3 = \frac{12!}{3!9!} = \frac{12 \cdot 11 \cdot 10}{3 \cdot 2 \cdot 1} = 220 \text{（個）}$$

(9) できる三角形が正十二角形と辺を共有
できるのは，(i)1辺だけを共有する場合
と，(ii)2辺だけを共有する場合の2つで
ある。

1辺だけを共有する三角形をつくるに
は，正十二角形の1辺を選び，その辺の
両端の各頂点と隣り合わない頂点を選べ
ばよい。

⑦ (10) $a^2 + b^2 + c^2 = 900$ において，a, b, c
のうち，1つは10だから，仮に $a = 10$
とすると，

$10^2 + b^2 + c^2 = 900$ より，

$b^2 + c^2 = 800$

$b = p$, $c = q$ とすると，

$p^2 + q^2 = 800$

この等式を満たす正の整数 p, q $(p \le q)$
の2組を求めればよい。

整数を2つの平方数（2乗した数）の和で
表すとき，例えば，

$2 = 1^2 + 1^2$, $5 = 1^2 + 2^2$, $8 = 2^2 + 2^2$,

$13 = 2^2 + 3^2$, $45 = 3^2 + 6^2$, $100 = 6^2 + 8^2$

のように表せる。ここで，800を素因数
分解すると，

$800 = 2^5 \cdot 5^2$

(i) $800 = 2 \cdot (2^4 \cdot 5^2) = 2 \times 400$ とするとき，

$2 \times 400 = 2 \times 20^2 = (1^2 + 1^2) \cdot 20^2$

$= (1 \cdot 20)^2 + (1 \cdot 20)^2$

$= 20^2 + 20^2$

よって，$p = q = 20$

(ii) $800 = 2^2 \cdot (2^3 \cdot 5^2) = 4 \times 200$ とするとき，

$4 \times 200 = 2^2 \times 200 = 2^2 \cdot (2^2 + 14^2)$

$= (2 \cdot 2)^2 + (2 \cdot 14)^2$

$= 4^2 + 28^2$

よって，$p = 4$, $q = 28$

したがって，求める組 (a, b, c) は，

$(4, 10, 28)$, $(10, 20, 20)$

［別解］ 1つの平方数 m に対して，も
う1つの整数 n が平方数になるかど
うかを調べていく。

平方数 1^2, 2^2, 3^2, 4^2, 5^2, 6^2, 7^2, 8^2,
9^2, 10^2, …のうちより，

(i) $m = 4^2 = 16$ のとき，

$n = 800 - 16 = 784$

$= 2^4 \cdot 7^2 = (2^2 \cdot 7)^2 = 28^2$

よって，$4^2 + 28^2 = 800$

(ii) $m = 20^2 = 400$ のとき，

$n = 800 - 400 = 400 = 20^2$

よって，$20^2 + 20^2 = 800$

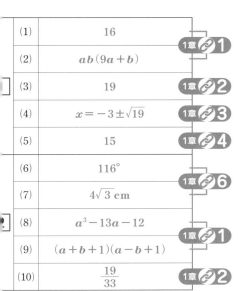

(1)	16	1章🔗①
(2)	$ab(9a+b)$	
(3)	19	1章🔗②
(4)	$x=-3\pm\sqrt{19}$	1章🔗③
(5)	15	1章🔗④
(6)	$116°$	1章🔗⑥
(7)	$4\sqrt{3}$ cm	
(8)	$a^3-13a-12$	1章🔗①
(9)	$(a+b+1)(a-b+1)$	
(10)	$\dfrac{19}{33}$	1章🔗②

	(11)	$(-5,\ -15)$	1章🔗④
	(12)	$x<-13$	1章🔗③
	(13)	$x=\dfrac{3\sqrt{3}}{2}$	1章🔗⑥
3	(14) ①	$-\dfrac{\sqrt{5}}{3}$	1章🔗⑤
	(14) ②	$-\dfrac{2\sqrt{5}}{5}$	
	(15) ①	720	1章🔗⑦
	(15) ②	120	

◆◇準2級1次（計算技能検定）◇◆◇ **解説** ◇◆◇

(1) 乗法公式を利用する。

$(x+3)(x-3)-(x-5)(x+5)$
$=x^2-3^2-(x^2-5^2)$
$=x^2-9-x^2+25$
$=16$

> 📝memo✏️ **乗法公式**
> $(a+b)^2=a^2+2ab+b^2$
> $(a-b)^2=a^2-2ab+b^2$
> $(a+b)(a-b)=a^2-b^2$
> $(x+a)(x+b)=x^2+(a+b)x+ab$

(2) 共通因数をくくり出す。

$9a^2b+ab^2$
$=ab\cdot9a+ab\cdot b$
$=ab(9a+b)$

(3) 乗法公式を利用する。

$(a-b)^2=a^2-2ab+b^2$

$(\sqrt{5}-\sqrt{2})^2+2\sqrt{2}(3\sqrt{2}+\sqrt{5})$
$=(\sqrt{5})^2-2\times\sqrt{5}\times\sqrt{2}+(\sqrt{2})^2$
$\qquad\qquad+2\sqrt{2}\times3\sqrt{2}+2\sqrt{2}\times\sqrt{5}$
$=5-2\sqrt{10}+2+12+2\sqrt{10}=19$

(4) 2次方程式の解の公式より，

$x=\dfrac{-6\pm\sqrt{6^2-4\times1\times(-10)}}{2\times1}$
$=\dfrac{-6\pm\sqrt{36+40}}{2}=\dfrac{-6\pm\sqrt{76}}{2}$
$=\dfrac{-6\pm\sqrt{2^2\times19}}{2}=\dfrac{-6\pm2\sqrt{19}}{2}$
$=-3\pm\sqrt{19}$

> 📝memo✏️ **2次方程式の解の公式**
> 2次方程式 $ax^2+bx+c=0$ の解は，
> $x=\dfrac{-b\pm\sqrt{b^2-4ac}}{2a}$

［別解］ x の係数が偶数のときの2次方
程式の解の公式より，

$$x=\dfrac{-3\pm\sqrt{3^2-1\times(-10)}}{1}$$
$$=-3\pm\sqrt{19}$$

📝memo✏️ x の係数が偶数のときの
2次方程式の解の公式

2次方程式 $ax^2+2b'x+c=0$ の解は，

$$x=\dfrac{-b'\pm\sqrt{b'^2-ac}}{a}$$

［別解］ 平方根の考えを利用すると，

$$x^2+6x-10=0$$
$$x^2+6x=10$$
$$x^2+6x+9=10+9$$
$$(x+3)^2=19$$
$$x+3=\pm\sqrt{19},\ x=-3\pm\sqrt{19}$$

(5) $x,\ y$ の増加量を求める。

$x=-4$ のとき，

$$y=-3\times(-4)^2=-3\times16=-48$$

$x=-1$ のとき，

$$y=-3\times(-1)^2=-3$$

x の値が -4 から -1 まで増加するとき，
y の値は -48 から -3 まで増加する。
よって，変化の割合は，

$$\dfrac{-3-(-48)}{-1-(-4)}=\dfrac{-3+48}{-1+4}=\dfrac{45}{3}=15$$

📝memo✏️ 変化の割合

変化の割合 $=\dfrac{y \text{ の増加量}}{x \text{ の増加量}}$

2 (6) 円周角の定理を利用する。

△AOB と △AOC はともに二等辺三角
形だから，

$$\angle BAO=\angle ABO=28°,$$
$$\angle CAO=\angle ACO=30°$$
$$\angle BAC=\angle BAO+\angle CAO$$
$$=28°+30°=58°$$

点 A を含まない弧 BC に対する円周角
が $58°$ だから，円周角の定理より，

$$\angle x=58°\times2=116°$$

📝memo✏️ 円周角の定理

1つの弧に対する円周
角の大きさは一定であ
り，その弧に対する中
心角の大きさの半分で
ある。

［別解］ 四角形の内角の和を利用する。

$$\angle BAC=\angle BAO+\angle CAO$$
$$=28°+30°=58°$$

より，四角形の内角の和は $360°$ だか
ら，

$$28°+58°+30°+(360°-x°)=360°$$
$$116°+360°-x°=360°$$
$$x°=116°$$

(7) 三平方の定理を利用する。三平方の定
理より，

$$4^2+h^2=8^2$$
$$h^2=64-16=48$$

$h>0$ だから，

$$h=\sqrt{48}$$
$$=\sqrt{4^2\times3}$$
$$=4\sqrt{3}\,(cm)$$

📝memo✏️ 三平方の定理

右の図の直角三角
形で，

$$a^2+b^2=c^2$$

が成り立つ。

［別解］ 正三角形の高さを
h cm とすると，右の
図の直角三角形で，

$$\sin60°=\dfrac{h}{8}$$

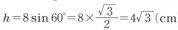

$$h=8\sin60°=8\times\dfrac{\sqrt{3}}{2}=4\sqrt{3}\,(cm)$$

［別解］　$\tan 60° = \dfrac{h}{4}$

$h = 4\tan 60° = 4 \times \sqrt{3} = 4\sqrt{3}$ (cm)

> 📝memo✐ 30°，45°，60°の三角比
>
> | θ | 30° | 45° | 60° |
> |---|---|---|---|
> | $\sin\theta$ | $\dfrac{1}{2}$ | $\dfrac{1}{\sqrt{2}}$ | $\dfrac{\sqrt{3}}{2}$ |
> | $\cos\theta$ | $\dfrac{\sqrt{3}}{2}$ | $\dfrac{1}{\sqrt{2}}$ | $\dfrac{1}{2}$ |
> | $\tan\theta$ | $\dfrac{1}{\sqrt{3}}$ | 1 | $\sqrt{3}$ |

(8)　**乗法公式**を利用し，展開して**同類項**をまとめる。

$(a+1)(a+3)\cdot(a-4)$

$= \{a^2 + (1+3)a + 1\cdot3\}(a-4)$

$= (a^2 + 4a + 3)(a-4)$

$= a(a^2 + 4a + 3) - 4(a^2 + 4a + 3)$

$= a^3 + 4a^2 + 3a - 4a^2 - 16a - 12$

$= a^3 - 13a - 12$

(9)　**因数分解の公式**を利用する。

$a^2 - b^2 = (a+b)(a-b)$

$(a^2 + 2a + 1) - b^2$

$= (a+1)^2 - b^2$

$= \{(a+1)+b\}\{(a+1)-b\}$

$= (a+b+1)(a-b+1)$

(10)　$x = 0.\dot{5}\dot{7}$ とおくと，

$\begin{array}{r} 100x = 57.5757\cdots \\ -) \quad x = 0.5757\cdots \\ \hline 99x = 57 \end{array}$

よって，

$x = \dfrac{57}{99} = \dfrac{19}{33}$

> 📝memo✐ 循環小数
>
> 限りなく続く小数（無限小数）のうち，ある位以下の数字が決まった順序でくり返される小数を**循環小数**という。循環小数は，くり返される数字（2つ以上の場合は初めと終わりの数字）の上に・をつけて表す。
>
> なお，循環小数は，分数で表すことができる。
>
> 例　$0.\dot{2} = 0.222\cdots = \dfrac{2}{9}$
>
> $0.8\dot{3} = 0.8333\cdots = \dfrac{75}{90} = \dfrac{5}{6}$

③ (11)　$y = a(x-p)^2 + q$ **の形にする**

$y = x^2 + 10x + 10$

$= x^2 + 10x + 25 - 25 + 10$

$= (x+5)^2 - 15$

よって，頂点の座標は$(-5, -15)$

> ⚠ミス注意‼ **符号をとり違えないように**
>
> 2次関数 $y = a(x-p)^2 + q$ のグラフの頂点の座標は，(p, q)である。

(12)　小数を分数に直す。係数に分数を含む方程式や不等式では，両辺に分母の最小公倍数をかけて，分数を含まない形に直してから解く。

$\dfrac{1}{5}x - 2 > 0.4x + 0.6$

$\dfrac{1}{5}x - 2 > \dfrac{2}{5}x + \dfrac{3}{5}$

両辺に5をかけると，

$x - 10 > 2x + 3$

$x - 2x > 3 + 10$

$-x > 13$

$x < -13$

(13)　**方べきの定理より,**

$$x^2 = \frac{9}{2} \times \frac{3}{2} = \frac{27}{4}$$

$x > 0$ だから,

$$x = \sqrt{\frac{27}{4}} = \frac{3\sqrt{3}}{2}$$

> 📝**memo**✐ **方べきの定理**
>
> 点 P を通る 2 直線が, 円 O とそれぞれ
> 2 点 A, B と 2 点 C, D で交わるとき,
>
> $$PA \cdot PB = PC \cdot PD$$
>
> 点 P が円内に　　　　点 P が円外に
> ある場合　　　　　　ある場合
>
>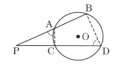

(14)　**三角比の相互関係を利用する。**

①　$\sin^2\theta + \cos^2\theta = 1$ だから,

$$\cos^2\theta = 1 - \sin^2\theta$$
$$= 1 - \left(\frac{2}{3}\right)^2 = \frac{5}{9}$$

$90° < \theta < 180°$ より, $\cos\theta < 0$ だから,

$$\cos\theta = -\sqrt{\frac{5}{9}} = -\frac{\sqrt{5}}{3}$$

②　$\tan\theta = \dfrac{\sin\theta}{\cos\theta}$ だから,

$$\tan\theta = \frac{\dfrac{2}{3}}{-\dfrac{\sqrt{5}}{3}}$$
$$= -\frac{2}{\sqrt{5}} = -\frac{2\sqrt{5}}{5}$$

> 📝**※ミス注意!! $\cos\theta$, $\tan\theta$ の正負**
>
> $90° < \theta < 180°$ より,
> $\cos\theta$ と $\tan\theta$ は
> ともに負となる。
>
> $$\cos\theta = -\frac{\sqrt{5}}{3}$$
>
> $$\tan\theta = -\frac{2}{\sqrt{5}}$$
> $$= -\frac{2\sqrt{5}}{5}$$
>
>

(15)①　${}_{10}P_3 = \dfrac{10!}{7!}$

$$= 10 \cdot 9 \cdot 8 = 720$$

②　$\dfrac{10!}{7!3!} = \dfrac{10 \cdot 9 \cdot 8 \cdot 7!}{7!3!}$

$$= \frac{10 \cdot 9 \cdot 8}{3 \cdot 2 \cdot 1} = 120$$

> 📝**memo**✐ **順列の総数**
>
> $$_nP_r = \frac{n!}{(n-r)!}$$

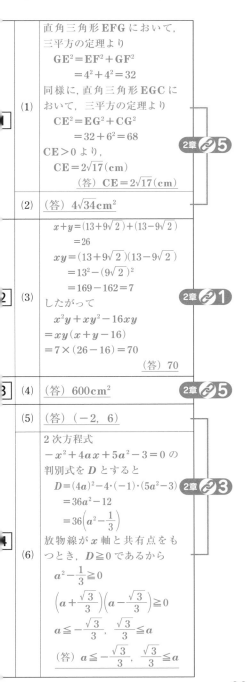

(1)

直角三角形 EFG において，三平方の定理より

$$GE^2 = EF^2 + GF^2$$
$$= 4^2 + 4^2 = 32$$

同様に，直角三角形 EGC において，三平方の定理より

$$CE^2 = EG^2 + CG^2$$
$$= 32 + 6^2 = 68$$

CE > 0 より，

$$CE = 2\sqrt{17} \text{(cm)}$$

（答）CE $= 2\sqrt{17}$ (cm)

2章 🔗 5

(2) （答）$4\sqrt{34} \text{cm}^2$

(3)

$$x + y = (13 + 9\sqrt{2}) + (13 - 9\sqrt{2})$$
$$= 26$$
$$xy = (13 + 9\sqrt{2})(13 - 9\sqrt{2})$$
$$= 13^2 - (9\sqrt{2})^2$$
$$= 169 - 162 = 7$$

したがって

$$x^2 y + xy^2 - 16xy$$
$$= xy(x + y - 16)$$
$$= 7 \times (26 - 16) = 70$$

（答）70

2章 🔗 1

(4) （答）600cm^2　　2章 🔗 5

(5) （答）$(-2, \ 6)$

(6)

2次方程式

$$-x^2 + 4ax + 5a^2 - 3 = 0$$

の判別式を D とすると

$$D = (4a)^2 - 4 \cdot (-1) \cdot (5a^2 - 3)$$

2章 🔗 3

$$= 36a^2 - 12$$
$$= 36\left(a^2 - \frac{1}{3}\right)$$

放物線が x 軸と共有点をもつとき，$D \geqq 0$ であるから

$$a^2 - \frac{1}{3} \geqq 0$$
$$\left(a + \frac{\sqrt{3}}{3}\right)\left(a - \frac{\sqrt{3}}{3}\right) \geqq 0$$
$$a \leqq -\frac{\sqrt{3}}{3}, \ \frac{\sqrt{3}}{3} \leqq a$$

（答）$a \leqq -\frac{\sqrt{3}}{3}, \ \frac{\sqrt{3}}{3} \leqq a$

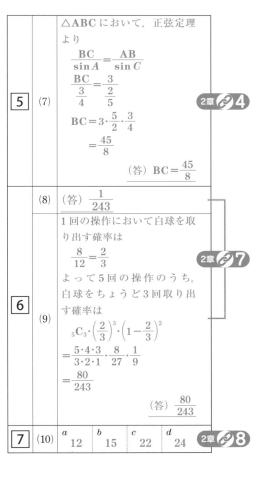

5

(7)

$\triangle ABC$ において，正弦定理より

$$\frac{BC}{\sin A} = \frac{AB}{\sin C}$$
$$\frac{BC}{\frac{3}{4}} = \frac{3}{\frac{2}{5}}$$

2章 🔗 4

$$BC = 3 \cdot \frac{5}{2} \cdot \frac{3}{4}$$
$$= \frac{45}{8}$$

（答）$BC = \frac{45}{8}$

6

(8) （答）$\frac{1}{243}$

(9)

1回の操作において白球を取り出す確率は

$$\frac{8}{12} = \frac{2}{3}$$

よって5回の操作のうち，白球をちょうど3回取り出す確率は

$$_5C_3 \cdot \left(\frac{2}{3}\right)^3 \cdot \left(1 - \frac{2}{3}\right)^2$$

2章 🔗 7

$$= \frac{5 \cdot 4 \cdot 3}{3 \cdot 2 \cdot 1} \cdot \frac{8}{27} \cdot \frac{1}{9}$$
$$= \frac{80}{243}$$

（答）$\frac{80}{243}$

7

(10)

a	b	c	d
12	15	22	24

2章 🔗 8

◇◆◇準2級2次（数理技能検定）◇◆◇ **解説** ◇◆◇

1 (1) 直角三角形 EGC において，三平方の定理を利用して，CE の長さを求める。
先に，必要な GE の長さを，直角二等辺三角形 EFG において計算する。

(2) Q は辺 BF の中点だから，
QF＝3（cm）
直角三角形 EFQ において，三平方の定理より，
EQ＝$\sqrt{EF^2＋QF^2}$＝$\sqrt{4^2＋3^2}$＝5（cm）
P は辺 DH の中点だから，同様にして，
EP＝CP＝CQ＝EQ＝5（cm）
四角形 CPEQ は 4 辺が等しいひし形であるから，対角線は垂直に交わる。

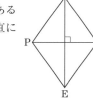

QP＝FH＝GE
＝$4\sqrt{2}$（cm）
(1)より，
CE＝$2\sqrt{17}$（cm）だから，ひし形 CPEQ の面積は，
$\dfrac{1}{2}×$QP$×$CE＝$\dfrac{1}{2}×4\sqrt{2}×2\sqrt{17}$
＝$4\sqrt{34}$（cm²）

2 (3) **共通因数をくくり出した式に，根号を含む式の和と積を代入する。**
$x＝13＋9\sqrt{2}$，$y＝13－9\sqrt{2}$ より，
$x＋y＝26$
$xy＝(13＋9\sqrt{2})(13－9\sqrt{2})$
$＝13^2－(9\sqrt{2})^2$
$＝169－162$
$＝7$
$x＋y＝26$，$xy＝7$ を代入すると，
$x^2y＋xy^2－16xy$
$＝xy(x＋y－16)$
$＝7×(26－16)$
$＝70$

3 (4) △ABC と △DEF の相似比は，
AB：DE＝6：30＝1：5
だから，面積比は $1^2：5^2＝1：25$
よって，
△DEF＝△ABC×25＝24×25
＝600（cm²）

📝**memo** **相似な図形の面積比**
相似比が ***a：b*** である相似な図形の面積比は ***a²：b²***

4 (5) $y＝a(x－p)^2＋q$ の形にする。
$y＝－x^2＋4ax＋5a^2－3$ に $a＝－1$ を代入すると，
$y＝－x^2－4x＋2$
$＝－(x^2＋4x＋4)＋4＋2$
$＝－(x＋2)^2＋6$
よって，頂点の座標は，（－2，6）

📝**memo** **2 次関数のグラフの頂点**
2 次関数 $y＝a(x－p)^2＋q$ のグラフの頂点の座標は，
（***p***，***q***）
である。

(6)

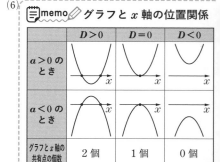

📝**memo** **グラフと x 軸の位置関係**

	$D>0$	$D=0$	$D<0$
$a>0$ のとき			
$a<0$ のとき			
グラフとx軸の共有点の個数	2 個	1 個	0 個

[別解] $y=-x^2+4ax+5a^2-3$ を

$y=a(x-p)^2+q$ の形にする。

$$y=-x^2+4ax+5a^2-3$$
$$=-(x^2-4ax+4a^2)+4a^2+5a^2-3$$
$$=-(x-2a)^2+9a^2-3$$

この放物線は上に凸により，放物線が x 軸と共有点をもつとき，頂点の y 座標 $9a^2-3$ は 0 以上となるので，

$$9a^2-3\geqq0$$
$$a^2-\frac{1}{3}\geqq0$$
$$\left(a+\frac{\sqrt{3}}{3}\right)\left(a-\frac{\sqrt{3}}{3}\right)\geqq0$$
$$a\leqq-\frac{\sqrt{3}}{3}, \quad \frac{\sqrt{3}}{3}\leqq a$$

(7) △ABC において，**正弦定理**を利用する。

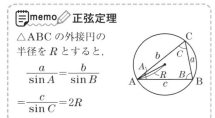

> 📝memo✐ **正弦定理**
> △ABC の外接円の半径を R とすると，
> $$\frac{a}{\sin A}=\frac{b}{\sin B}$$
> $$=\frac{c}{\sin C}=2R$$

[別解] 正弦の値が2つ与えられているから，△ABC の面積をそれぞれ表す。

$$\triangle ABC=\frac{1}{2}BC\cdot CA\sin C$$
$$=\frac{1}{2}BC\cdot CA\cdot\frac{2}{5}=\frac{1}{5}BC\cdot CA$$

また，$\triangle ABC=\frac{1}{2}CA\cdot AB\sin A$

$$=\frac{1}{2}CA\cdot3\cdot\frac{3}{4}=\frac{9}{8}CA$$

よって，

$$\frac{1}{5}BC\cdot CA=\frac{9}{8}CA$$
$$BC=\frac{9}{8}\times5=\frac{45}{8}$$

(8) 1回の操作において赤球を取り出す確率は，

$$\frac{4}{12}=\frac{1}{3}$$

5回の操作は反復試行だから，求める確率は，

$$\left(\frac{1}{3}\right)^5=\frac{1}{243}$$

(9)
> 📝memo✐ **反復試行の確率**
> ある試行において，事象 A の起こる確率を p とすると，この試行を n 回行う反復試行で，事象 A がちょうど r 回起こる確率は，
> $${}_nC_rp^r(1-p)^{n-r}$$

7 (10) $a<b<c<d$

不等式の性質より，

$$a+b<a+c<a+d, a+d<b+d<c+d$$

よって，

$$a+b<a+c<a+d<b+d<c+d$$

$a+d,$ $b+c$ は小さいほうから3番目または4番目の和であることがわかる。

小さいほうから1番目の和が27，2番目の和が34，5番目の和が39，6番目の和が46だから，

$$a+b=27 \qquad\cdots\cdots①$$
$$a+c=34 \qquad\cdots\cdots②$$
$$b+d=39 \qquad\cdots\cdots③$$
$$c+d=46$$

(i) $a+d<b+c$ とすると，

$$a+d=36 \qquad\cdots\cdots④$$

③－④＋①より，$2b=30,$ $b=15$

①，②，③より，

$$a=12, c=22, d=24$$

(ii) $b+c<a+d$ とすると，

$$a+d=37 \qquad\cdots\cdots⑤$$

③－⑤＋①より，$2b=29$

整数 b が 14.5 となり不適。

したがって，

$$a=12, b=15, c=22, d=24$$